JN141293

東京安全研究所・都市の安全と環境シリーズ

5

著
秋山充良
石橋寛樹

南海トラフ地震

その防災と減災を考える

早稲田大学出版部

はじめに

世界第一級の地震国である日本は、過去に幾度となく大地震が発生し、その度に大きな苦難を強いられてきました。度重なる苦難を乗り越える中で、さらなる技術発展が成され、現在の日本があるといえます。しかし今、前代未聞の大地震が日本を襲おうとしています。それが南海トラフ地震です。過去に類を見ない大地震・大津波に立ち向かい、人々の生活を守り、社会・経済活動が災害後も維持できる基盤をつくり上げることが求められる今、土木技術が背負う使命は非常に大きいといえるでしょう。

一般に「土木」と聞きますと、橋梁や道路、ダムや盛土といった構造物（モノ）をイメージする方が多いかもしれません。この認識に誤りはないのですが、実際の「土木」という言葉にはより広範な意味が含まれています。

「土木」は英語では「Civil Engineering」と表記されます。これを直訳すると「市民工学」となります。これから分かりますように、土木の先にあるものは市民であり、災害に強い構造物をつくるだけではなく、国民一人ひとりの防災の意識を高め、また、予想される被害とその被害からの復興への覚悟をあらかじめ求めておくことも、土木技術者の大切な役割であると思います。

政府は2013年に「強くしなやかな国民生活の実現を図るための防災・減災等に資する国土強靭化基本法」を制定しました。その中で、自然災害から国民の生命、身体および財産を保護し、国民の生活と経済力を守ることは国が果たすべき大きな役割であると明記しています。

また、土木学会では2015年に「自然災害に強いしなやかな国土の創出のために―行動宣言と行動計画―」をまとめ、国土の構築に寄与するという決意にとどまらず、具体的な行動計画まで表明しています。

我が国の土木技術者は、過去の震災から多くのことを学び、それらが繰り返されることのないように地震工学や耐震工学の分野を進化・深化させ、防災力の向上に努めてきました。しかしながら、今の科学技術をもってしても南海トラフ地震の破壊力を確かに予想することはできず、どれほどの被害が生じるのか、どれほど復興に時間を要するのか、あるいは我が国は南海トラフ地震が発生したとしても持続可能であるのか、などの議論は極めて不確実な状況にあります。

こうした背景を踏まえ、本書では、南海トラフ地震を想定した防災と減災について、土木工学的視点を中心に考えていきます。

第1章では、切迫する南海トラフ地震について、その規模や被害の想定について説明します。また、実際に国や地方自治体で行われている取り組み事例を紹介します。

第2章では、過去の大地震に目を向け、そこから得られた教訓や耐震技術の発展を検証します。

第3章では、現状のインフラ構造物や社会が抱える問題をまとめます。

第4章では、南海トラフ地震に打ち勝つためのキーワードとなる「減災」、「リスク」、「レジリエンス」の各概念を紹介し、「サステナビリティ」を有する社会とは何かを考えていきます。

最後に第5章では、南海トラフ地震を想定したシミュレーションを例示し、リスク・レジリエンスという指標の定量化を行い、インフラ構造物の対策優先度などを考えてみます。

秋山充良

石橋寛樹

目次

4章 南海トラフ地震に備える

5章 南海トラフ地震を想定した解析シミュレーション

1章

切迫する
南海トラフ地震

1-1 南海トラフ地震とは

南海トラフ地震は、いつ発生してもおかしくない状況にあるといわれています。発生した場合は、広域が強震動と大津波に見舞われ、その推定される被害は「国難」レベルになるといわれています。

南海トラフ地震に対して、内閣府や土木学会などにおいて、規模や被害推定に関する議論が重ねられ、対策や提言が幾つか出されています。

本章では、「南海トラフ地震」の概要について説明し、その規模や被害推定に関する取り組みを紹介します。また、南海トラフ地震に備えるために行われてきた制度改革や、その実践例を紹介します。

1　南海トラフ地震の発生メカニズム

南海トラフは、日本列島の南に位置する水深4,000 m級の溝（トラフ）を指しており、フィリピン海プレートがユーラシアプレートの下に沈み込む形で形成されています（図1-1参照）。

図1-1　南海トラフの位置

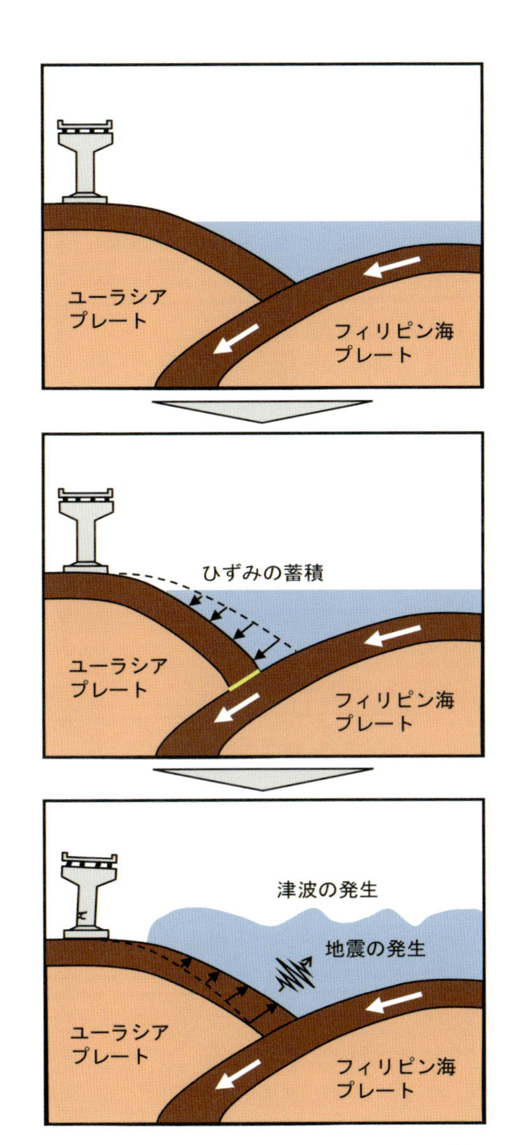

図1-2　南海トラフ地震の発生メカニズム[1)]

地震は、地下のプレートに「ずれ」が生じることで発生する現象です。図1-2に、南海トラフ地震の発生メカニズムの概略図を示します。南海トラフ沿いのプレートの境界では、年間数cmの速度でユーラシアプレートの下にフィリピン海プレートが沈み込んでいるといわれています[1)]。その際に、下に沈み込んでいくフィリピン海プレートにくっつく形でユーラシアプレートが地下に引きずり込まれていき、ひずみが蓄積されます。時間が経つにつれてひずみ量が大きくなり、限界を超えた際にユーラシアプレートが跳ね上がることで地震が発生します。この地震が南海トラフ地震です。

2　南海トラフにおける地震活動

図1-3に、過去500年間における南海トラフを震源域とした地震記録を示します。南海トラフでは、概ね100〜150年の間隔で繰り返し地震が発生しており、前回の地震（1946年昭和南海地震）から70年以上が経過しています[1)]。また、政府の地震調査委員会[2)]の算定によると、今後30年間にマグニチュード8〜9クラスとなる南海トラフ地震の発生確率は70〜80％となっており（2018年1月1日時点）、南海トラフ地震の切迫性は日々増しています。

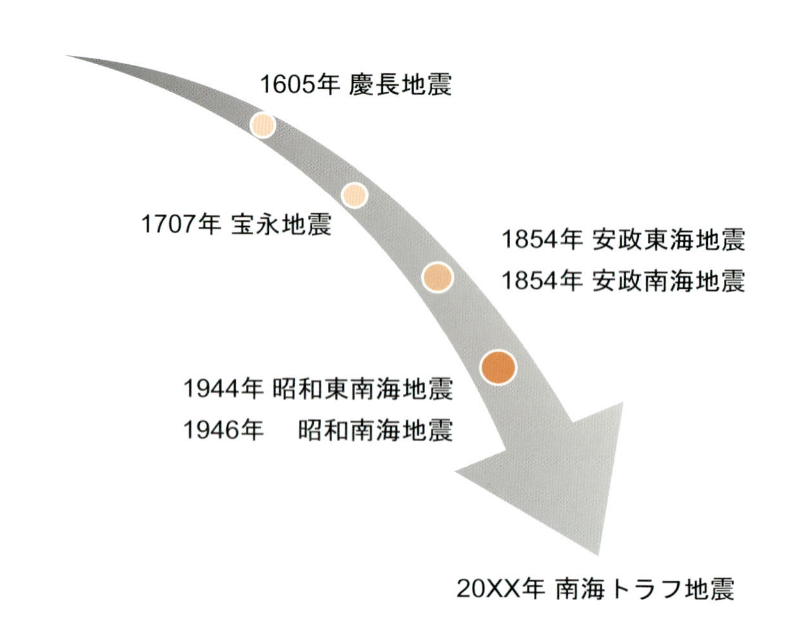

図1-3　南海トラフ地震を震源域とする過去の地震記録[1)]

南海トラフ地震による強震動と津波の姿の予測には、大きな不確かさを伴いますが、これまでに得られている知見から、相当の強度の震動と津波に見舞われると覚悟する必要があります。そのため、南海トラフ地震に対する防災・減災対策を進めるとともに、被害が発生することを前提とした迅速な復旧・復興対策を作成することが求められます。

1-2 南海トラフ地震の推定規模

内閣府では、平成24年より南海トラフ地震に関する様々な検討会やワーキンググループを設け、その規模や被害想定に取り組んでいます。

例えば、内閣府「南海トラフの巨大地震モデル検討会」(以下、検討会と呼ぶ)[3)]は、南海トラフ地震によって発生し得る最大規模の強震動(揺れの強い地震動)および津波の推定を行っています。ここでは、検討会が行っている強震動と津波の推定手法について説明し、結果として推定される、南海トラフ地震の発生規模を紹介します。

1 強震動の推定

検討会では、南海トラフ地震の生起により生じる強震動の震度分布推定を行っています。震度分布とは、南海トラフ地震の際に、被害想定地域で発生すると考えられる震度をマップで表現したものです。震度は10階級で分類される、揺れの大きさを表す指標であり、最も強い震度は震度7となります。震度階級と、そのときの体感や屋内外の関係を表1-1に示します。

表1-1　震度階と人の体感などの関係[4]

<table>
<tr><th>震度階級</th><th>人の体感・行動</th><th>屋内の状況</th><th>屋外の状況</th></tr>
<tr><td>0</td><td>人は揺れを感じないが、地震計には記録される。</td><td>―</td><td>―</td></tr>
<tr><td>1</td><td>屋内で静かにしている人の中には、揺れをわずかに感じる人がいる。</td><td>―</td><td>―</td></tr>
<tr><td>2</td><td>屋内で静かにしている人の大半が、揺れを感じる。
眠っている人の中には、目を覚ます人もいる。</td><td>電灯などのつり下げ物が、わずかに揺れる。</td><td>―</td></tr>
<tr><td>3</td><td>屋内にいる人のほとんどが、揺れを感じる。
歩いている人の中には、揺れを感じる人もいる。
眠っている人の大半が、目を覚ます。</td><td>棚にある食器類が音を立てることがある。</td><td>電線が少し揺れる。</td></tr>
<tr><td>4</td><td>ほとんどの人が驚く。
歩いている人のほとんどが、揺れを感じる。
眠っている人のほとんどが、目を覚ます。</td><td>電灯などのつり下げ物は大きく揺れ、棚にある食器類は音を立てる。
座りの悪い置物が、倒れることがある。</td><td>電線が大きく揺れる。自動車を運転していて、揺れに気付く人がいる。</td></tr>
<tr><td>5弱</td><td>大半の人が、恐怖を覚え、
物につかまりたいと感じる。</td><td>電灯などのつり下げ物は激しく揺れ、棚にある食器類、書棚の本が落ちることがある。
座りの悪い置物の大半が倒れる。
固定していない家具が移動することがあり、不安定なものは倒れることがある。</td><td>まれに窓ガラスが割れて落ちることがある。電柱が揺れるのがわかる。道路に被害が生じることがある。</td></tr>
<tr><td>5強</td><td>大半の人が、物につかまらないと
歩くことが難しいなど、
行動に支障を感じる。</td><td>棚にある食器類や書棚の本で、落ちるものが多くなる。テレビが台から落ちることがある。
固定していない家具が倒れることがある。</td><td>窓ガラスが割れて落ちることがある。補強されていないブロック塀が崩れることがある。据付けが不十分な自動販売機が倒れることがある。自動車の運転が困難となり、停止する車もある。</td></tr>
<tr><td>6弱</td><td>立っていることが困難になる。</td><td>固定していない家具の大半が移動し、倒れるものもある。
ドアが開かなくなることがある。</td><td>壁のタイルや窓ガラスが破損、落下することがある。</td></tr>
<tr><td>6強</td><td rowspan="2">立っていることができず、
はわないと動くことができない。
揺れに翻弄され、動くこともできず、
飛ばされることもある。</td><td>固定していない家具のほとんどが移動し、倒れるものが多くなる。</td><td>壁のタイルや窓ガラスが破損、落下する建物が多くなる。補強されていないブロック塀のほとんどが崩れる。</td></tr>
<tr><td>7</td><td>固定していない家具のほとんどが移動したり倒れたりし、飛ぶこともある。</td><td>壁のタイルや窓ガラスが破損、落下する建物がさらに多くなる。
補強されているブロック塀も破損するものがある。</td></tr>
</table>

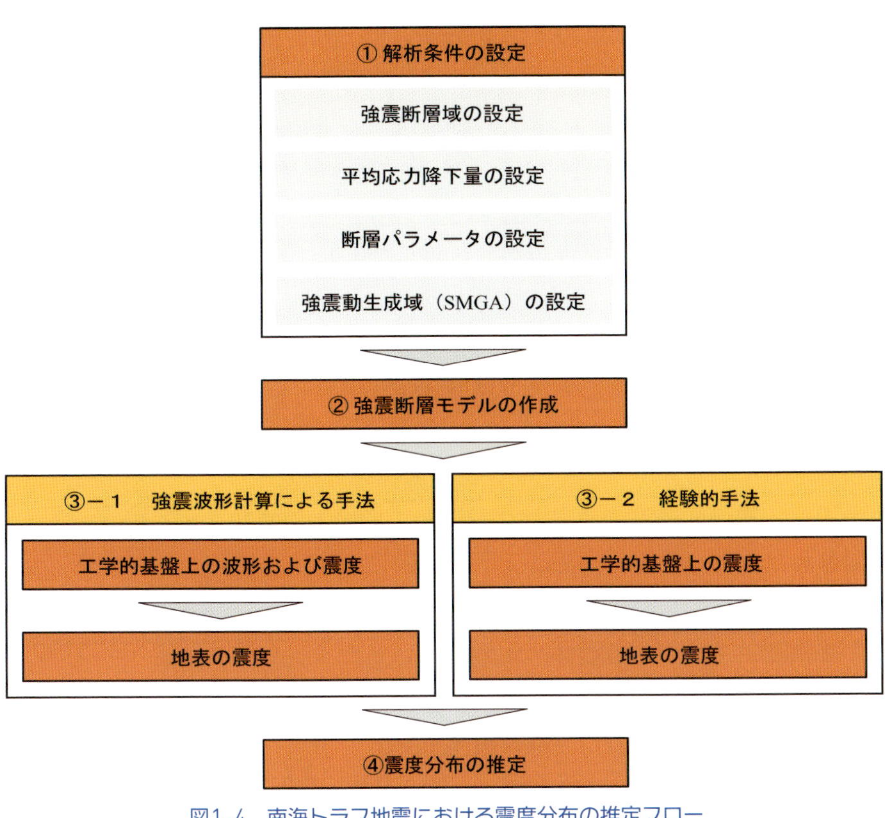

図1-4　南海トラフ地震における震度分布の推定フロー

ここで、震度分布の推定フローを図1-4に示します。この図に示すように、各対象地域の震度推定は「強震波形計算による手法」と「経験的手法」の2つの手法から求め、両者の計算結果のうち震度の大きいものを推定値として採用しています。

図1-4のフローに従い、各ステップでの具体的な内容を説明します。

解析条件の設定

強震動（強震波形、震度）を評価するためには、地震を引き起こす断層モデル（強震断層モデル）を設定する必要があります。そこで、まず、強震断層モデルを定める際に設定されている解析条件について説明します。

地下のプレート境界面ですべりが生じた際、その境界面では地震波が発生します。その地震波が地表に到達することで揺れが生じ、構造物に被害をもたらします。

震度分布を推定するにあたって、まず、地震時に動く断層域（震源断層域）を定めます。検討会では、プレート境界面において、東側を、南海トラフのトラフ軸である駿河湾の富士川河口付近までとしています。また、南西側（日向灘側）は、九州・パラオ海嶺の北側付近でフィリピン海プレートが厚くなる領域までとしています。深さ方向に関しては、トラフ軸からプレート境界面の深さ約30 kmから、深部低周波地震（通常の地震波よりも周波数の低い微小な地震波）が発生している領域（日向灘の領域はプレート境界面の深さ約40 km）までを震源断層域としています。

さらに、震源断層域の中で、プレート境界面の深さ10 kmより深い領域を強震断層域として設定し、そこから強震断層モデルを構築し、震度分布の推定を行います。過去の地震をみると、強震断層域は単一の領域ではなく、過去の事例や、プレートの形状・地形等といった大きな構造単位を大局的に考慮する必要があります。検討会では、これらを考慮して強震断層域を設定しています。また、設定した強震断層域を東から順に、駿河湾域、遠州海盆域、熊野舟状海盆域、室戸舟状海盆域、土佐海盆域、日向灘域の6セグメントに区分し、このうち、遠州海盆域と熊野舟状海盆域を合わせて東海域、室戸舟状海盆域と土佐海盆域を合わせて南海域としています（図1-5参照）。

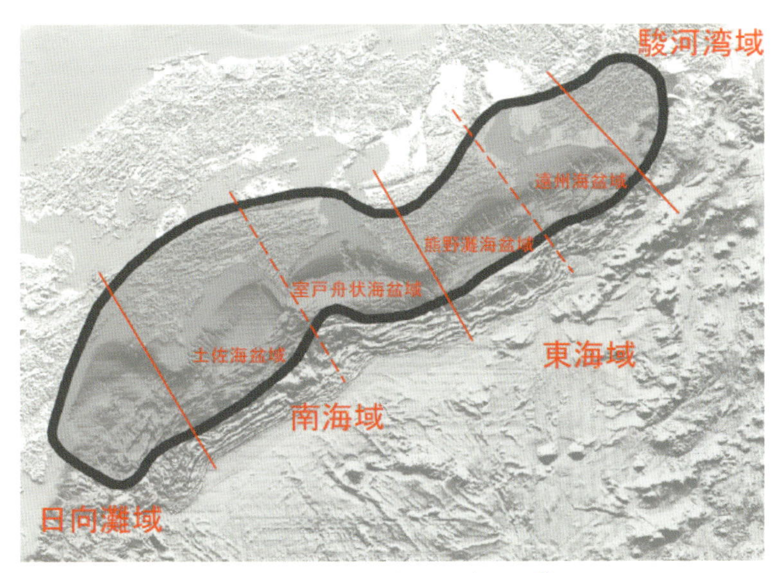

図1-5　強震断層域のセグメント[3)]

次に、平均応力降下量を設定します。平均応力降下量は、地震の強さに大きく関係するため、強震断層モデルを設定するにあたって非常に重要なパラメータといえます。過去に発生した、マグニチュード8クラスの海溝型地震の平均値は約3 MPaとされており、検討会では強震断層モデルを作成する際に用いる平均応力降下量を、それより大きい4 MPaに設定しています。これにより、南海トラフ地震時に発生する強震動の推定値は、過去の海溝型地震で発生した強震動と比べて大きなものになると考えられます。

検討会の強震断層モデルは、図1-5に示すように、強震断層域を駿河湾域、東海域、南海域、および日向灘域の4領域に分割し、各領域で相似則（スケーリング則）を用いて地震モーメントを求めることで、強震断層モデルのパラメータを設定しています。そして、これら4領域の地震モーメントの和から、強震断層全体の地震モーメントを算出します。地震モーメントとは、断層運動のモーメント（エネルギー）を表す指標であり、この値が大きいほど大きな地震であることを意味しています。

一般的に、地震モーメントと断層面積には関係性があるとされており、これを相似則（スケーリング則）といいます。そのため、対象領域全体の強震断層

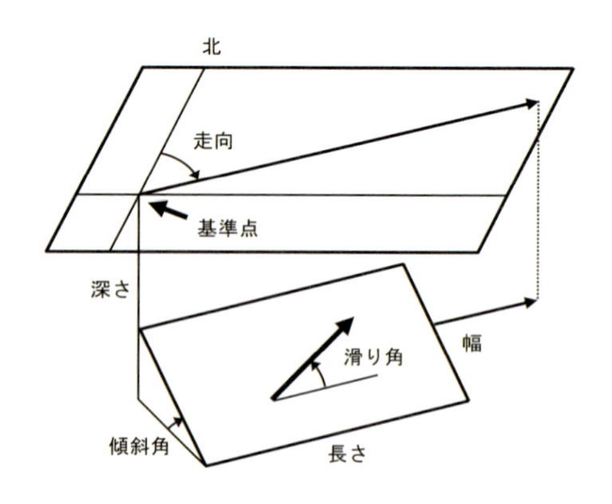

図1-6　断層パラメータの定義

面積と、地震の大きさを表すパラメータである平均応力降下量から、対象領域全体の地震モーメントを求めています。

また、地震モーメントは、地震の規模を数値的に表す指標である、モーメントマグニチュードとも密接に関係しているとされており、相似則（スケーリング則）から推定される地震モーメントを用いて、モーメントマグニチュードを算出することが可能です。

その他にも、断層の平均変位量や破壊開始点と破壊伝播速度、さらには、各セグメントにおける断層の走向、傾斜、およびすべり角（図1-6参照）といった、地震波を発生させる断層の運動を評価するために必要なパラメータを、過去に観測された地震やこれまでに得られてきた研究成果を基に設定しています。

強震断層モデルを設定するためには、強震動生成域（SMGA：Strong Motion Generation Areas）の設定が重要となります。強震動生成域とは、強震断層域の中で特に強い地震波（強震動）を発生させる領域を指します。検討会では、強震動生成域の総面積は、強震断層域全体の概ね10％とし、6つの各セグメントに2個配置し、各セグメントの強震動生成域の合計面積も各セグメントの面積の概ね10％としています。強震動生成域の位置については、過去に発生した地震時の強震動生成域と概ね同じ場所に位置するといわれています。しかしながら、発生位置の推定には極めて大きな不確定性があると考えざるを得ません。そこで、検討会は表1-2に示される4ケースを考え、震度分布推定を行っています。4ケースの強震動生成域の位置の詳細を図1-7に示します。

表1-2　震度分布推定で考える検討ケース[3)]

検討ケース	強震動生成域
基本ケース	中央防災会議[7)] による東海地震・東南海・南海地震の検討結果を参考に設定
東側ケース	基本ケースの強震動生成域のやや東側に設定（トラフ軸から見てトラフ軸に概ね平行に右側）
西側ケース	基本ケースの強震動生成域のやや西側に設定（トラフ軸から見てトラフ軸に概ね平行に左側）
陸側ケース	基本ケースの強震動生成域を可能性がある範囲で最も陸域側（プレート境界面の深い側）に設定

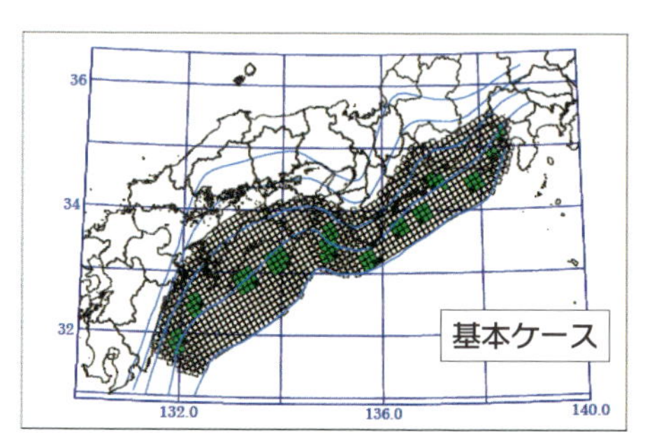

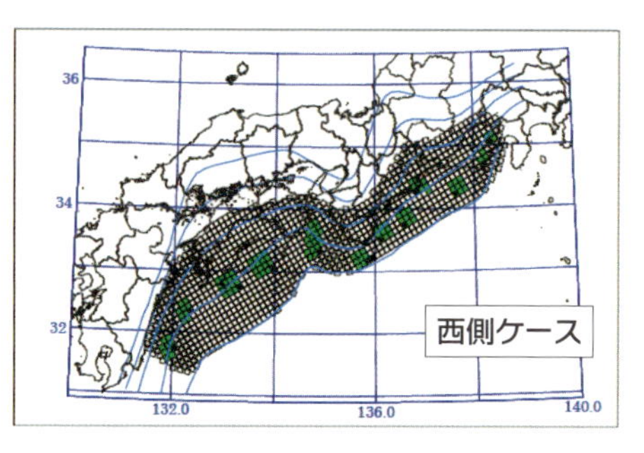

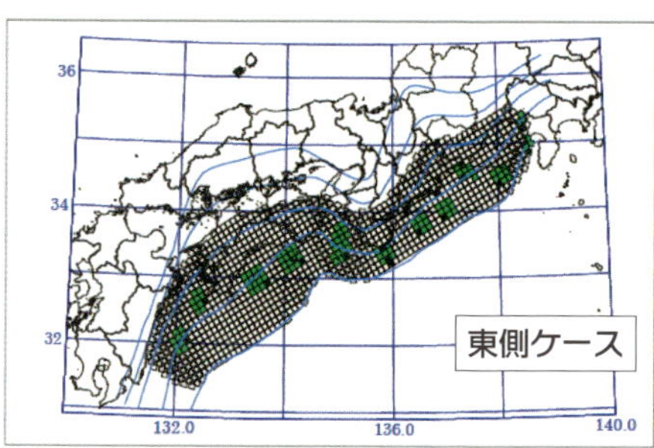

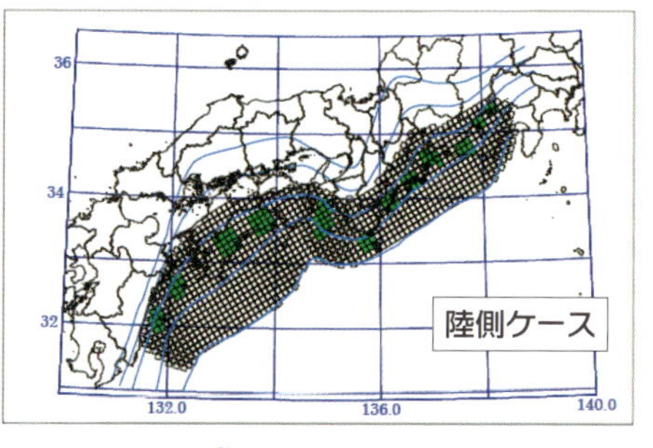

図1-7　強震動生成域の検討ケース[3)]

強震断層モデルの作成

設定した解析条件（断層のパラメータや強震動生成域など）を基に、強震断層モデルを作成します。検討会が提案している南海トラフ地震の強震断層モデルは、モーメントマグニチュード9クラスの最大級のものであり、過去にこれほど巨大な強震断層モデルを設定し、被害推定を行った事例はありません。

強震断層モデルの作成にあたっては、国内外において過去に発生した海溝型地震の調査や分析から得られた知見、また、2011年東北地方太平洋沖地震の解析結果を参考にしています。しかし、容易に想像されますように、南海トラフの断層の動きの予測には圧倒的な不確かさがあると言わざるを得ません。残された時間の中で、予測に伴う不確かさを小さくする研究を継続する一方で、その圧倒的な不確かさや、時間・予算・人力の制約の中で、被害を軽減する努力と、その被害から少しでも早く復興するための事前の備えを絶え間なく継続する必要があります。

「強震波形計算による手法」と「経験的手法」

検討会では、設定した強震断層モデルを用いて、「強震波形計算による手法」と「経験的手法」という2つの評価手法により、南海トラフ地震発生時における地表の震度を推定しています。

地震波は断層が動くことで生じるものであるため、地震基盤と工学的基盤という特性の異なる地盤を伝播し、最終的に地表に到達します（図1-8参照）。地表に届くまでの間に、地震波は地盤特性に応じて減衰、あるいは増幅することが知られています。「強震波形計算による手法」と「経験的手法」の大きな違いは、地震波の減衰に対する評価方法にあります。

「強震波形計算による手法」は、地震波の伝播を理論的に考える手法です。地震学に基づいて数学的に求める手法であるため、設定した断層の運動等を表現することができますが、一方で、局所的な地震動の増加など、地盤条件によっては考慮できない現象もあります。

「経験的手法」は、震源からの距離に応じて地震の揺れの強さがどの程度減衰するのかを、過去の地震から得られた経験式を用いて表現する手法です。「強震波形計算による手法」とは異なり、関係するパラメータの影響を細かく

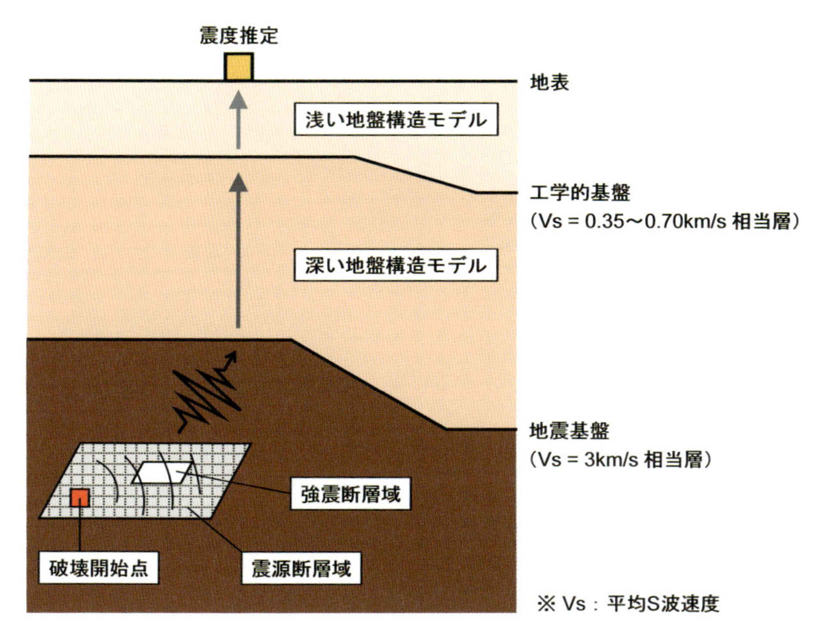

図1-8　地盤モデル

考慮することはできませんが、概観的な震度分布の推定を簡易に行えます。

震度分布の推定

検討会では、2つの手法から推定される地表の震度を比較し、両者のうち大きい値となる方を推定震度としています。このようにして推定された震度分布を図1-9に示します。この図を見ると、神奈川県西部から宮崎県東部の非常に広い範囲で震度6弱以上の揺れが推定されていることが分かります。特に、静岡県や高知県など、10県にわたる地域で震度7が推定されています。

検討会の震度分布の推定結果は、過去に類を見ないレベルの大きさになっていますが、その計算過程では、断層の運動の大きさを表す平均応力降下量を大きい値に設定していることや、2つの計算手法のうち大きい値を抽出した結果となっているなど、かなり安全側に計算しているといえます。検討会は、「備えあれば憂いなし」の考えのもと、最悪の場合を想定し、南海トラフ地震に対して警鐘を鳴らしています。一方で、そのあまりの作用の強さに、立ち

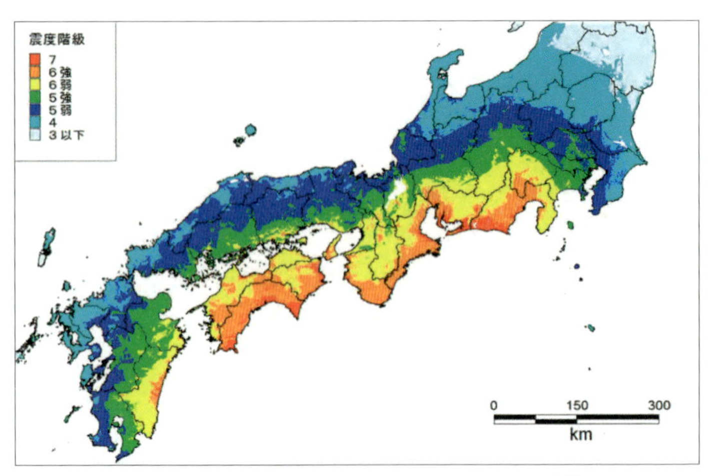

図1-9　南海トラフ地震で推定される震度分布[3)]

向かう気持ちが萎えているのではないか、との思いもあります。前記しましたように、時間・予算・人力の制約の中で、防災力を最大化するためには、起こり得るシナリオを幾つか用意し、そのシナリオに対して専門家が頻度の大小を定量的、あるいは定性的に評価し、頻度が高いものに対しては防災で臨み（極力、被害が出ないように）、頻度が小さいものに対しては減災で臨む（被害が出た後の早期復興に重点を置く）ような多重の対策が要るのだと思います。

2　津波の推定

検討会では、図1-10に示されるフローに従い、対象地域で想定される津波高や浸水域の算定を行っています。推定フローにおける各ステップを順に解説し、南海トラフ地震による津波の推定方法を説明します。

解析条件の設定

津波高・浸水域を推定する範囲として、本州では、茨城県から鹿児島県までの太平洋沿岸と瀬戸内海沿岸が設定されています。また、九州地方では、長崎県・熊本県・鹿児島県の東シナ海側が推定範囲とされており、その他に、沖縄県、伊豆諸島、小笠原諸島が設定されています。

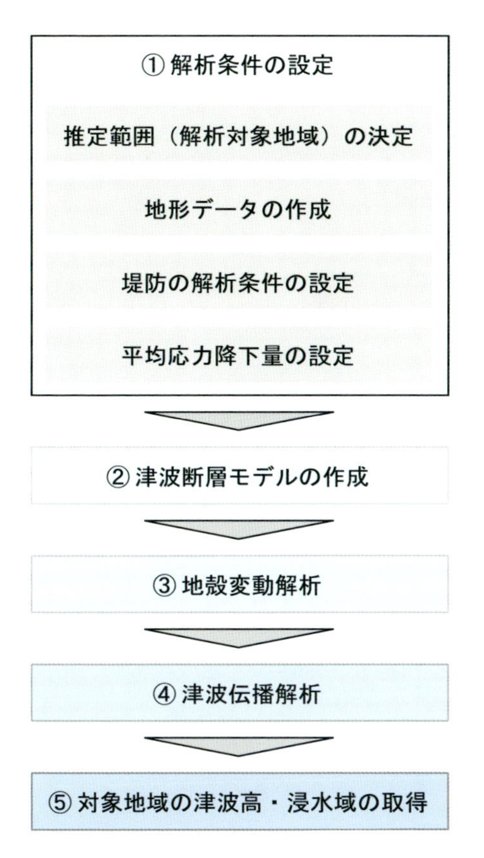

図1-10　南海トラフ地震における津波高・浸水域の推定フロー

推定を行うにあたって、海域・陸域それぞれの地形データが必要となってきます。地形データとは、各地点の標高データ（海域については水深データ）のことであり、地形に応じてDEM（Digital Elevation Model：数値標高モデル）データや、河川縦横断測量データを用いて作成しています。

津波に関する解析を行う上で、堤防の扱いが重要となります。堤防の有無によって、津波の伝播が大きく変わるためです。南海トラフ地震では、地震発生後に連続して津波が発生することが想定されます。堤防などの構造物は、津波を受ける前に地震によって沈下、あるいは損傷、破壊する可能性があり、修復を行う間もなく津波が到達します。特に、南海トラフ地震のような強い

表1-3　津波高・浸水域の推定に用いる平均応力降下量の参考値[3]

発生年	地震名	モーメントマグニチュード	平均応力降下量（MPa）
1944年	昭和東南海地震 *	8.1	0.6
1946年	昭和南海地震 *	8.4	0.9
2003年	十勝沖地震	8.0	2.6
2004年	スマトラ島沖地震 *	9.1	1.2
2010年	チリ地震	8.8	0.8
2011年	東北地方太平洋沖地震	9.0	2.5

* 印の地震については複数の文献における推定結果の平均値を記載

レベルの地震の生起が懸念される場合、津波対策として置かれた構造物の強震動による損傷対策が重要となります。具体的にどのような条件下で堤防に沈下や破壊が生じるかを把握するためには、細かな解析が必要になりますが、検討会の推定では、どの地域においても「地震発生から3 分後に堤防が破壊する（堤防はないものとみなして解析を行う）」と仮定しています。実際は、地震によって堤防が完全にその機能を失う可能性は高いとはいえず、また、南海トラフ域全体にわたる、全ての対象地域で堤防が破壊するとも思えませんが、検討会は「備えあれば憂いなし」の考えのもと、このような被害推定量が大きくなるような仮定をしています。

次に、断層運動の大きさを意味するパラメータである、平均応力降下量を設定します。検討会では表1-3に示されるような、2004年スマトラ島沖地震や2011年東北地方太平洋沖地震といった過去に津波が観測された6つの地震を参考に求めています。参考事例とする地震における平均応力降下量の平均値は1.2 MPaであり、標準偏差は1.0 MPaとなっています。これらの値を参考に、津波高や浸水域の推定に用いる平均応力降下量を3.0 MPaとしています。

津波断層モデルの作成

平均応力降下量を基に、津波断層モデルを作成します。津波断層モデルは、津波を評価するための地殻変動を計算する断層モデルであり、分割された各領域（小断層）におけるすべり量を表します。この設定方法によって、津波高や浸水域は大きく変動します。

南海トラフは広範であるため、どの場所で断層運動が大きくなるのかを予想することは、非常に難しいことです。そこで、検討会では、どの場所で断層運動が生じても可能な限り網羅できるように、表1-4に示す計11ケースの津波断層モデルを作成し、解析を行っています。また、例として、ケース2（紀伊半島沖）およびケース4（四国沖）の津波断層モデルを図化したものを図1-11に示します。なお、図1-11には、次に説明する地殻変動解析の結果を併せて示しています。

断層の破壊開始点は、各ケースとも大すべり域（断層のすべりが大きい領域）の中心付近の深さ20 km付近に設定されています。ただし、ケース2については、1944年昭和東南海地震と1946年昭和南海地震における破壊開始点の位置を参考にし、強震動計算の破壊開始点と同じ紀伊半島の潮岬沖に破壊開始点を設定しています。

表1-4　検討会が想定する津波断層モデル[3]

ケース	大すべり域の場所
ケース 1	駿河湾～紀伊半島沖
ケース 2	紀伊半島沖
ケース 3	紀伊半島沖～四国沖
ケース 4	四国沖
ケース 5	四国沖～九州沖
ケース 6	駿河湾～紀伊半島沖
ケース 7	紀伊半島沖
ケース 8	駿河湾～愛知県東部沖および三重県南部沖～徳島県沖
ケース 9	愛知県沖～三重県沖，室戸岬沖
ケース 10	三重県南部沖～徳島県沖，足摺岬沖
ケース 11	室戸岬沖，日向灘

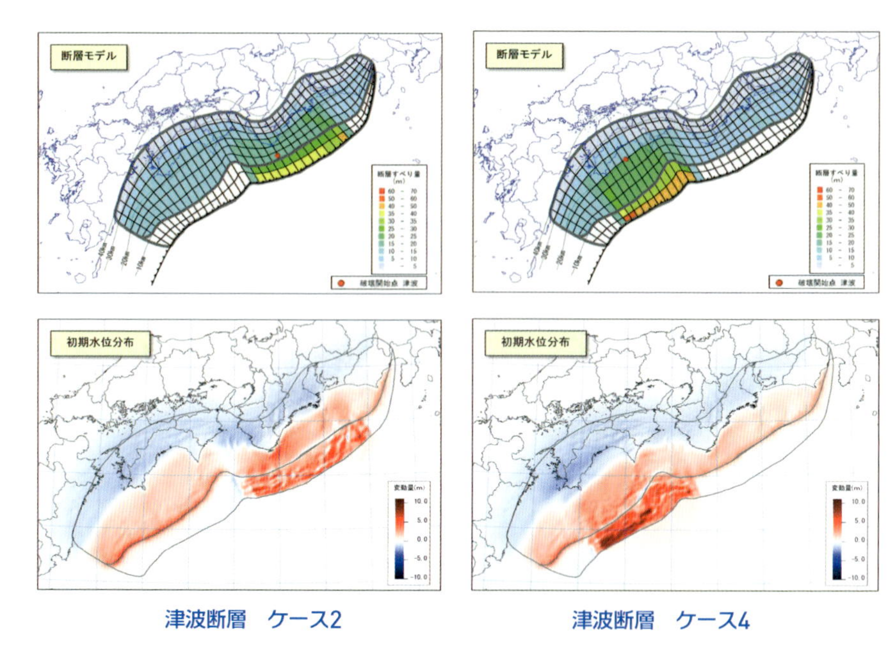

図1-11　想定する津波断層モデル[1.3)]

※11ケースのうちケース2およびケース4を抜粋

地殻変動解析

作成した津波断層モデルを基に、小断層ごとの地殻変動量（垂直方向の変動量）を算出します。検討会が作成している津波断層モデルは、破壊開始点から破壊が始まり、小断層ごとに順次断層破壊が伝播するモデルとなっています。破壊伝播速度（断層が順に破壊していく際の速度）およびライズタイム（変動量が小断層ごとに設定された最終変動量に達する時間）は、一般的な地殻変動解析に用いられる値を参考に、東北地方太平洋沖地震での解析結果も踏まえて設定されています。

検討会が行う解析では、破壊伝播速度は全域で等しくし、地殻の垂直変動量はライズタイムの間、一定の割合で増加するものとしています。このような仮定のもと得られた地殻変動による初期水位の分布を図1-11に示します。また、図1-12に、ケース1の津波断層モデルにおける津波断層の足し合せ図を示動します。この図は、10秒間の断層すべりによる水位加算量を表しており、変量が刻々と変化している様子が視覚的に分かります。

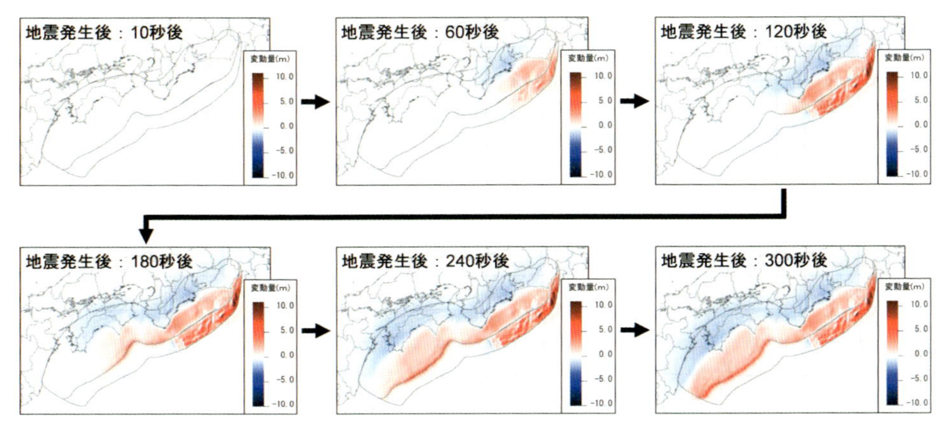

図1-12　津波断層の足し合せ図(ケース1)[3)]

津波伝播解析

最後のステップとして、地殻変動解析結果を用いて津波伝播解析を行い、解析対象地域における津波高と浸水域を算出します。津波伝播解析は、海底での摩擦や移流を考慮した非線形長波理論に基づき行われています。

陸域での津波の遡上に関して、家屋といった津波の進行を妨げる障害物は、粗度係数というパラメータを用いて表現しており、地形による津波の影響の差も評価できる手法となっています。

対象地域の津波高・浸水域の取得

表1-5に、南海トラフ地震の際に津波の影響を受けるとされる各地域の、最高水位の推定値を示します。この表から分かるように、対象地域の中で高知県が最も高く、その推定値は34.4 mと極めて大きな値となっています。最高水位34.4 mとなるのは高知県黒潮町であり、同県の土佐清水市も30 mを超える津波が襲来すると推定されています。図1-13に、黒潮町および土佐清水市の位置を示します。他にも、静岡県や三重県で、25 m級の津波の襲来が予想されています。

表1-5　津波被害が想定される都道府県における最高水位[3)]

（a）関東地方

都道府県	市町村	最大津波高（m）	最大津波高となるケース
茨城県	神栖市	3.7	ケース6
千葉県	館山市	9.3	ケース8
東京都（区部）	中央区・港区・江東区	2.3	ケース1
東京都（島嶼部）	新島村	29.7	ケース8
神奈川県	鎌倉市	9.2	ケース8

（b）中部地方

都道府県	市町村	最大津波高（m）	最大津波高となるケース
静岡県	下田市	25.3	ケース8
愛知県	豊橋市	20.5	ケース6

（c）近畿地方

都道府県	市町村	最大津波高（m）	最大津波高となるケース
三重県	鳥羽市	24.9	ケース1
大阪府	堺市西区・高石市	4.0	ケース3
兵庫県	南あわじ市	9.0	ケース3
和歌山県	西牟婁郡すさみ町	18.3	ケース3

（d）中国地方

都道府県	市町村	最大津波高（m）	最大津波高となるケース
岡山県	備前市	3.7	ケース4
広島県	江田島市	3.6	ケース1
山口県	熊毛郡上関町	3.9	ケース5

（e）四国地方

都道府県	市町村	最大津波高（m）	最大津波高となるケース
徳島県	海部郡海陽町	20.3	ケース11
香川県	さぬき市	4.6	ケース4
愛媛県	南宇和郡愛南町	17.3	ケース5
高知県	幡多郡黒潮町	34.4	ケース4

(f) 九州地方

都道府県	市町村	最大津波高（m）	最大津波高となるケース
福岡県	北九州市門司区	3.4	ケース8
大分県	佐伯市	14.4	ケース11
宮崎県	串間市	15.8	ケース4
鹿児島県	熊毛郡屋久島町	12.9	ケース11
沖縄県	島尻郡北大東村	4.1	ケース11

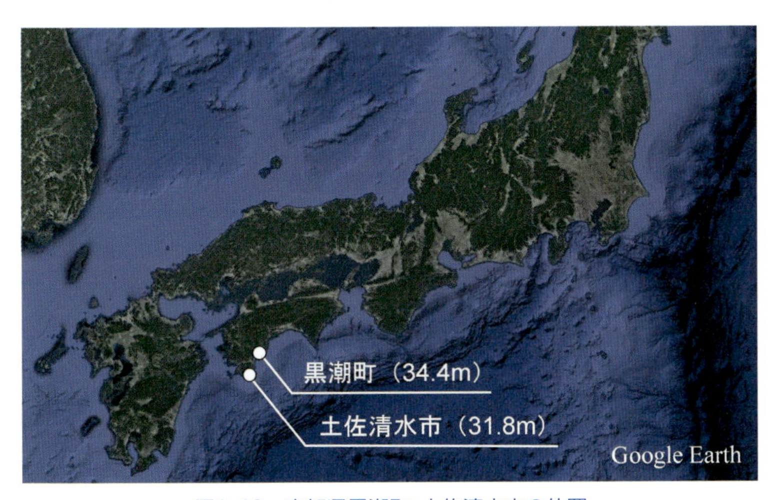

図1-13　高知県黒潮町・土佐清水市の位置

ここで、比較のために、東日本大震災で確認された津波高を図1-14に示します。これらの津波高は、現地調査[5)、6)]による津波の痕跡から推定された値です。福島県富岡町では21.1 mの津波が襲来した痕跡が確認されていますが、これに比べると、高知県黒潮町や土佐清水などで推定されている津波高は非常に大きく、南海トラフ地震で想定される津波が驚異的な大きさであることが分かります。

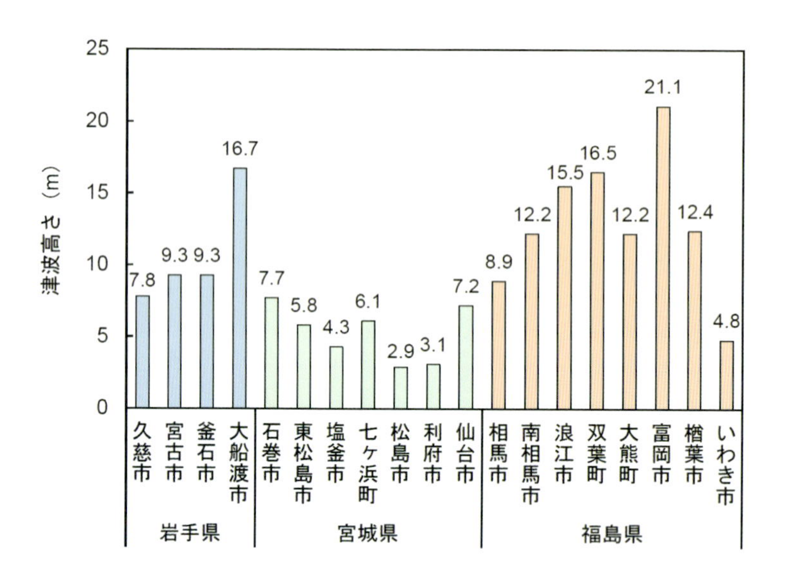

図1-14　東日本大震災で確認された津波高[5),6)]

また、図1-15に、名古屋、大阪、および高知における浸水域の推定結果を示します。浸水域を予め把握することで、避難ルートや避難場所の決定といったソフト的対策と、堤防の補強計画の策定といったハード的対策の両面から、防災計画の作成が可能になります。

検討会では、平均応力降下量3.0 MPaという非常に大規模な断層運動を想定しており、その値から算出される津波断層モデルも極めて大きなものになっています。また、堤防に関しても、推定値が安全側になるような（津波高と浸水域の推定値が大きくなるような）仮定を行い、解析を行っています。さらに、南海トラフ域に対して、断層運動の発生地域を網羅できるように考慮した計11ケースの津波断層モデルを作成し、各被害想定地域で津波高や浸水域が最も大きくなるケースに対して、それらの値を推定値にしています。

検討会が行っている推定は、「起こり得る最悪のシナリオ」であって、「発生する可能性が高いシナリオ」ではありません。当然、災害対策を行う上で、最悪を想定し、事前に対策を進めることは、人命の確保等を考える上で極めて重要なことです。しかしながら、単に最悪の想定に対する検討は、対策を不十分なものにしてしまう可能性があります。いくつものシナリオ、例えば、

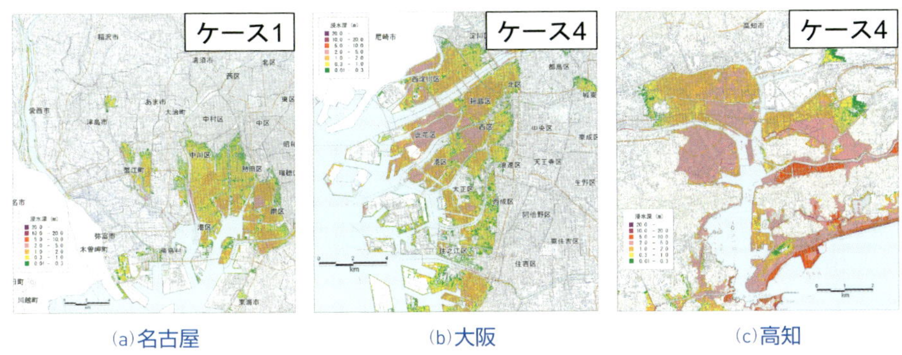

（a）名古屋　（b）大阪　（c）高知

図1-15　南海トラフ地震による津波における浸水域の推定[3)]

津波波高10 m、20 m、あるいは30 mの3段階を想定するなどし、最も起こり得そうな津波高さ10 mに対しては、堤防などでできる限り浸水域を小さくし、津波被害を生じさせない、20 mや30 mの場合には、命を守る防災教育、壊滅的な津波被害が生じた後の復興に向けた仮設住宅の準備、瓦礫処理のマニュアル作成、あるいは、早期の復興工事についての事前検討、などを行っていくべきと考えます。

1-3　南海トラフ地震の被害想定

内閣府「中央防災会議防災対策推進検討会議南海トラフ巨大地震対策検討ワーキンググループ」（以下、対策検討WGと呼ぶ）[7)]は、検討会が実施した南海トラフ地震発生時の震度分布や、津波高・浸水域の推定結果を基に、定量的な被害想定を行っています。

表1-6に、対策検討WGが行った、人的被害の推定結果を示します。2011年東日本大震災における死者数は19,630人（2018年3月1日現在）であり[8)]、南海トラフ地震で想定される人的被害の推定量は極めて甚大であることが分かります。例えば、最も死者数が多くなると推定されている静岡県では約109,000人となっており、この数値だけで東日本大震災の約5.5倍に値します。静岡県以外でも、和歌山県で約80,000人、三重県や高知県および宮崎県で40,000人以上の死者数が発生すると推定されています。

表1-6　南海トラフ地震で想定される人的被害[7]

（a）関東地方

都道府県	負傷者数（人）	要救助者数（人）	死者数（人）
茨城県	約30	−	約20
埼玉県	約10	−	−
千葉県	約800	約500	約1,600
東京都	約200	約300	約1,500
神奈川県	約1,300	約1,500	約2,900

（b）中部地方

都道府県	負傷者数（人）	要救助者数（人）	死者数（人）
福井県	約100	−	−
山梨県	約6,000	約1,300	約400
長野県	約2,000	約100	約50
岐阜県	約5,000	約1,000	約200
静岡県	約92,000	約65,000	約109,000
愛知県	約100,000	約71,000	約23,000

（c）近畿地方

都道府県	負傷者数（人）	要救助者数（人）	死者数（人）
三重県	約66,000	約34,000	約43,000
滋賀県	約9,800	約1,800	約500
京都府	約15,000	約3,000	約900
大阪府	約65,000	約17,000	約7,700
兵庫県	約21,000	約13,000	約5,800
奈良県	約18,000	約6,600	約1,700
和歌山県	約39,000	約24,000	約80,000

（d）中国地方

都道府県	負傷者数（人）	要救助者数（人）	死者数（人）
鳥取県	約10	−	−
島根県	約10	−	−
岡山県	約17,000	約4,100	約1,200
広島県	約11,000	約2,600	約800
山口県	約1,800	約300	約200

(e) 四国地方

都道府県	負傷者数（人）	要救助者数（人）	死者数（人）
徳島県	約34,000	約22,000	約31,000
香川県	約23,000	約7,300	約3,500
愛媛県	約48,000	約23,000	約12,000
高知県	約47,000	約41,000	約49,000

(f) 九州地方

都道府県	負傷者数（人）	要救助者数（人）	死者数（人）
福岡県	約20	約40	約10
長崎県	約40	約400	約80
熊本県	約400	約10	約20
大分県	約5,100	約3,800	約17,000
宮崎県	約23,000	約17,000	約42,000
鹿児島県	約1,000	約300	約1,200
沖縄県	約10	約100	約10

復旧や復興活動を迅速に行うためには、マンパワーが必要不可欠です。どれだけ膨大な資源を有していたとしても、人手が足りなければ、作業を行うことすらできません。南海トラフ地震のように、人的被害が非常に大きくなることが推定される場合、少ないマンパワーで行うことのできる復旧手段といったものを事前に考えておくことが求められるといえます。

表1-7に、南海トラフ地震による建物の全壊棟数の想定結果をまとめます。比較として東日本大震災における被害をみると、全壊した住家棟数は121,781棟（2018年3月1日現在）と報告されています[8]。東日本大震災と、想定されている南海トラフ地震の建物被害数を比べると、人的被害と同様に、量・範囲ともに南海トラフ地震の被害想定量が圧倒的に大きいことが確認できます。

建物の被害が大きいということは、被災地における住環境が厳しいものになるだけでなく、建物そのものが全て災害ごみとなり、道路ネットワークを寸断する原因となり得ます。そのため、救護や復旧活動に遅れが生じる可能性が高くなることが想定されます。損壊が危惧され、かつ、復旧活動等に大きく影響を及ぼす建物を同定し、補強を行うといったような、事前の対策を効率的に進めていくことが重要となります。

表1-7　南海トラフ地震で想定される建物の全壊棟数[7]

(a) 関東地方

都道府県	全壊棟数	
	揺れ	津波
茨城県	―	約30
千葉県	―	約2,300
東京都	―	約1,200
神奈川県	約30	約2,700

(b) 中部地方

都道府県	全壊棟数	
	揺れ	津波
山梨県	約5,900	―
長野県	約700	―
岐阜県	約3,900	―
静岡県	約208,000	約30,000
愛知県	約243,000	約2,600

(c) 近畿地方

都道府県	全壊棟数	
	揺れ	津波
三重県	約163,000	約24,000
滋賀県	約7,800	―
京都府	約12,000	―
大阪府	約59,000	約700
兵庫県	約27,000	約3,100
奈良県	約26,000	―
和歌山県	約97,000	約48,000

(d) 中国地方

都道府県	全壊棟数	
	揺れ	津波
岡山県	約18,000	約90
広島県	約11,000	約200
山口県	約1,300	約400

(e) 四国地方

都道府県	全壊棟数	
	揺れ	津波
徳島県	約90,000	約15,000
香川県	約37,000	約900
愛媛県	約117,000	約14,000
高知県	約167,000	約49,000

(f) 九州地方

都道府県	全壊棟数	
	揺れ	津波
福岡県	−	約30
佐賀県	−	−
長崎県	−	約400
熊本県	約30	約40
大分県	約3,000	約24,000
宮崎県	約39,000	約25,000
鹿児島県	約100	約1,200
沖縄県	−	−

これらの被害想定は、主に東日本大震災の経験から得られたデータに基づいて算出されています。例えば、東日本大震災の際に、木造建物では、津波浸水深が2.0 mのとき約40 %の確率で全壊し、3.5 m程度になるとほぼ100 %の確率で全壊するといったような傾向が確認されました。このような、あるパラメータ（津波浸水深や震度など）に対する被害率を、過去の地震から経験的に求め、南海トラフ地震で想定されている震度や津波浸水域と掛け合わせることで、全体の被害量を推定しています。

また、対策検討WGでは、南海トラフ地震における被害額についても推定しています。被害額の推定は、時間軸を考慮しつつ、多種多様で、かつ、互いに因果関係の大きいパラメータを見極め、評価する必要があります。対策検討WGは、以下の3項目に限定し、被害額の定量化を試みています。

・資産等の被害

・生産・サービス低下による影響

・交通寸断による影響

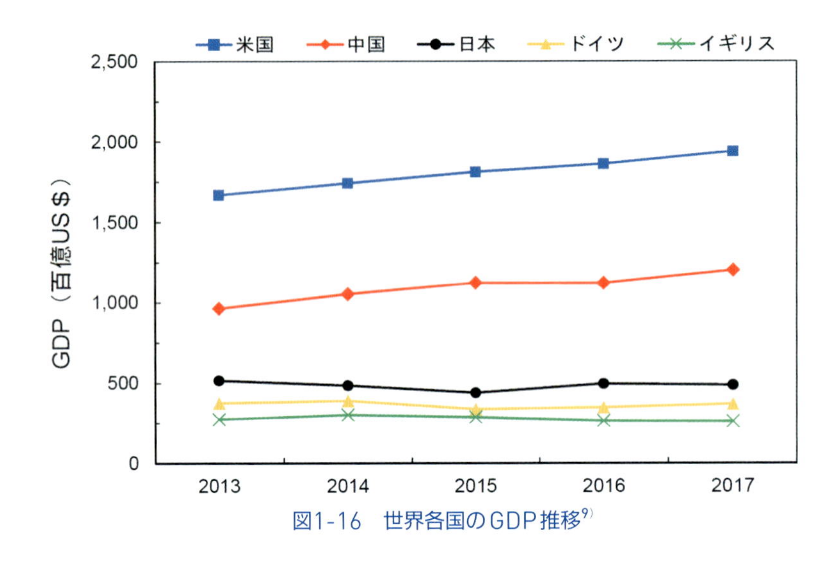

図1-16　世界各国のGDP推移[9)]

上記の3項目から推定される、南海トラフ地震による被害額は約220兆3,000億円となっています。ここで、IMF（International Monetary Fund：国際通貨基金）[9)]が公表している世界191ヶ国を対象とした平成29年度世界GDP（Gross Domestic Product：国内総生産）ランキングを見ますと（図1-16参照）、日本は世界第3位であり、その総額は約4兆8,700億ドルとなっています。これを1ドル＝110円として換算すると、約536兆円となります。すなわち、南海トラフ地震の被害推定額は日本のGDPの約40％に及び、推定通りの被害が発生した場合、わが国はまさに国難の危機に瀕するといえます。

防災対策において最も重要なことは「命を守る」ことに他なりません。また、国民の生活や経済活動を維持する、あるいは、被害を最小限に抑え、速やかに回復できる状態に保つことが求められます。

検討会や対策検討WGに代表される、南海トラフ地震の被害推定に対する取り組みの中では、常に最悪のケースを想定し、計算を行っています。その結果、南海トラフ地震が発生した場合、国土はまさに「国難」ともいえる状況に陥ることが懸念されています。

想定される最悪のシナリオを考慮し、対策を推進していくことは非常に重要なことです。しかし、想定される被災地の全てが、財政や労働力の面で、そのような余裕があるわけではないこともまた事実です。最悪の被害想定に対して、手の施しようがないという状況に直面する地方自治体も少なくないでしょう。

このような現実を踏まえると、最悪のケースでの推定だけでなく、より現実的な「実際に起こる可能性の高い」複数のケースを考えた被害推定を行い、被害を最小化するための対策を着実に進めていくことが必要といえます。

1-4　南海トラフ地震に向けての取り組み

1　制度改革

内閣府はこれまでに、南海トラフ地震に関係する制度を作成し、過去の震災や知見を基に改定を行い、防災対策の推進を図ってきました。図1-17に、主な制度の変遷を示します。

平成 7年　3月	兵庫県南部地震（阪神・淡路大震災）
平成 7年　6月	地震防災対策特別措置法
平成 14年　7月	東南海・南海地震に係る地震防災対策の推進に関する特別措置法
平成 15年 12月	東南海・南海地震対策大綱
平成 16年　3月	東南海・南海地震防災対策推進基本計画
平成 17年　3月	東南海・南海地震の地震防災戦略
平成 23年　3月	東北地方太平洋沖地震（東日本大震災）
平成 25年 11月	南海トラフ地震に係る地震防災対策の推進に関する特別措置法
平成 26年　3月	南海トラフ地震防災対策推進基本計画

図1-17　南海トラフ地震に関する制度の変遷

平成7年1月17日に発生した兵庫県南部地震は、阪神地区を中心に、甚大な被害をもたらしました。都心部の直下型地震は過去に観測されておらず、これを契機として、全国どこでも大地震に見舞われる可能性があるという認識が強くなりました。こうした中、将来起こり得る地震に対して、国民の生命、身体および財産を守ることを目的に定められた法律が、「地震防災対策特別措置法」です。具体的には、地震防災対策施設等の緊急整備や、地震に関する調査研究を推進するものであり、各都道府県が主体となって、緊急性の高い施設（避難地、消防用施設など）を整備することを定めています。

平成14年には、近い将来に発生が懸念される東南海・南海地震に対して、防災対策を推進するために、「東南海・南海地震に係る地震防災対策の推進に関する特別措置法」が制定されました。この法律の中では、東南海・南海地震防災対策推進地域の指定などが行われており、地震の発生とその被害予想地域をあらかじめ特定した地震対策を推進する法律としては、「地震防災対策特別措置法」が制定されて以降、初めてのものとなっています。

また、その翌年には、「東南海・南海地震対策大綱」が中央防災会議で決定されました。この大綱は、予防対策に加えて、発災時の応急対策など、復旧・復興までを視野に入れた、東南海・南海地震防災対策のマスタープランとなっています。

平成16年には、「東南海・南海地震防災対策推進基本計画」が策定されました。この中では、東南海・南海地震に対する防災対策の推進に関する基本的方針などが定められており、「東南海・南海地震対策大綱」の方針に沿って取りまとめたものになっています。

さらに、翌年の平成17年には、「東南海・南海地震の地震防災戦略」が策定されました。「東南海・南海地震の地震防災戦略」は、減災目標を定量的に定めており、達成年次目標を10年として、減災目標を達成するために必要な実現方策を数値的に示しています。また、3年ごとにフォローアップを行うこととし、目標の達成状況を報告する仕組みを取っています。

一方で、財政的な苦難も多く、各地で財政支援を要求する声が強くなっていきました。平成15年、この要求に応える形で、「東南海・南海地震に係る地震防災対策の推進に関する特別措置法の一部を改正する法律案」が可決され、

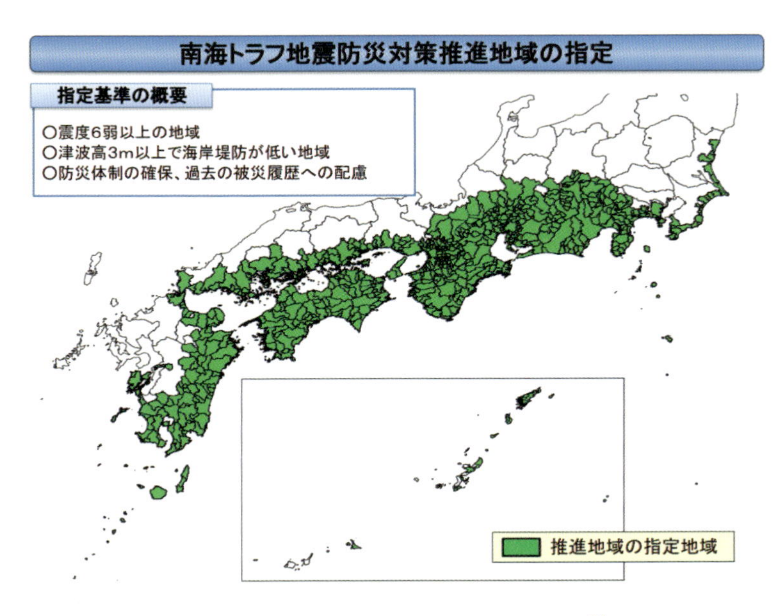

図1-18　南海トラフ地震防災対策推進地域[10]

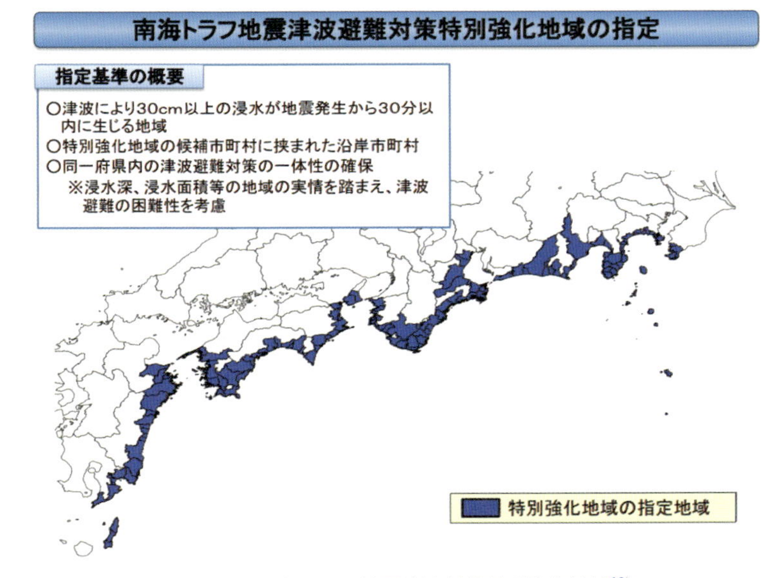

図1-19　南海トラフ地震津波対策特別強化地域[10]

平成14年に制定された「東南海・南海地震に係る地震防災対策の推進に関する特別措置法」は、「南海トラフ地震に係る地震防災対策の推進に関する特別措置法」へ変更されました。この法律の中では、南海トラフ地震で、著しい地震被害が生じることが懸念される地域を「南海トラフ地震防災対策推進地域（以降、推進地域と呼ぶ）」とし、そのうち、津波に対する防災強化が特に必要な地域を「南海トラフ地震津波避難対策特別強化地域（以降、特別強化地域と呼ぶ）」として指定しています（図1-18、図1-19参照）。そして、津波による浸水被害が懸念される特別強化地域では、市町村長が「津波避難対策緊急事業計画」を作成できることが定められています。この計画に基づく施設整備に対しては、国庫補助が嵩上げされるといった処置が講じられており、自治体の早急な対策推進を促進するものになっています。

平成23（2011）年の東日本大震災後の平成26年には、「南海トラフ地震防災対策推進基本計画」が制定されました。これまでの防災対策の延長上では対応しきれない可能性があることを認め、その可能性を考慮した防災体制の確立が求められています。「南海トラフ地震防災対策推進基本計画」では、南海トラフ地震に対する防災体制で基本となる方針や施策、事項を示し、特に推進地域における防災対策を推進することを目的にしています。なお、この計画の制定に併せて、「東南海・南海地震防災対策推進基本計画」や「東南海・南海地震の地震防災戦略」は廃止されています。

各自治体では、南海トラフ地震に対して、ハード・ソフトの両面から対策を強化していくことが強く求められており、懸命な取り組みが行われています。ここでは、大津波が襲来すると推定されている高知県に注目し、実際に行われている防災対策を紹介します。

2　高知県での取り組み事例

高知県では、県内の全34市町村が推定地域に指定され、さらに、沿岸に位置する19市町村が特別強化地域に指定されています。検討会の推定によると、30もの市町村で震度7が発生する可能性があり、さらに、黒潮町や土佐清水市では、最大津波高さが30 m以上になると推定されており、早急な対策が急務だといえます。

高知県における南海トラフ地震対策の変遷

平成14年に、「東南海・南海地震に係る地震防災対策の推進に関する特別措置法」が制定されて以降、高知県では、南海トラフ地震に備えるための体制づくりが行われてきました。

図1-20に、高知県が進めてきた体制づくりに関する取り組みの変遷を示します。「東南海・南海地震に係る地震防災対策の推進に関する特別措置法」を受け、高知県では、南海地震対策の検討、総合的な調整、および施策の円滑な推進を目的とした「高知県南海地震対策推進本部」が設置されました。

平成17年には、南海地震に備えるための課題や目標を県民と共有しながら取り組んでいくことを目指し、「南海地震に備える基本的な方向」が作成されましたが、完全に機能させていくためには不十分な点も多く、県民や地域、事業者全体で対策を進めていくためには、さらなる議論を重ね、より実効性の高い制度を策定することが必要であると考えられました。

広域、かつ、甚大な破壊力を有することが想定される地震に対して、被害を最小化するためには、県民一人ひとりが危機感を抱き、互いに協力し、備えることが重要となります。高知県は、県民が主体となる防災活動の推進を

平成 14年　7月	東南海・南海地震に係る地震防災対策の推進に関する特別措置法
平成 15年　2月	「高知県南海地震対策推進本部」の設置
平成 17年　2月	「南海地震に備える基本的な方向」の作成
平成 20年　3月	「高知県南海地震による災害に強い地域社会づくり条例」の制定
平成 21年　2月	「高知県南海地震対策行動計画」の策定

図1-20　高知県における南海トラフ地震に対する体制づくりの変遷

目指し、約2年間にわたって県民とともに検討を重ねました。こうした背景から、平成20年に、「高知県南海地震による災害に強い地域社会づくり条例」が制定されました。この条例では、震災を乗り切るためには、県民の主体性が重要になることが謳われています。南海地震の被害を最小限に抑えるためには、自らの命は自らで守り、自分たちの地域は自分たちで守るという防災の基本概念のもと、備えを行うことや、地域において住民相互の協力による防災活動を行うことが重要であり、この認識を、県民や事業者など様々な立場にいる人々が共有し、防災対策の中で、それぞれの役割を果たしていく必要があると記されています。

さらに、その翌年には、「高知県南海地震対策行動計画」が策定されました。これは、「高知県南海地震による災害に強い地域社会づくり条例」の実効性を高めるために、地震発生直後から応急期、さらには、復旧・復興期の対策として事前に実施するべき事柄をまとめたものとなっています。

東日本大震災の被害を目の当たりにし、高知県では、南海トラフ地震に対する危機感がより一層高まりました。東日本大震災を教訓として、津波対策の抜本的な強化や、対策そのものの加速化など、対策の見直しが必要であるとの認識が高まったことから、例えば、「高知県南海地震対策行動計画」が「高知県南海トラフ地震対策行動計画」に変わるなど、これまでの制度の一層の強化が図られました。さらに、2016年熊本地震の教訓を生かすための改訂がなされるなど、弾力的な運営がなされております。

高知県での対策事例

高知県では、「高知県南海トラフ地震対策行動計画（第3期 平成28年～平成30年度 平成29年3月改訂）（以降、第3期行動計画と称す）」を核として、様々な取り組みを実行しています。検討会が算出した、南海トラフ地震による高知県での想定死者数は49,000人でしたが、平成31年度には、想定死者数を8,100人まで減少させることを目標として、対策を進めています。そして、将来的には、想定死者数を限りなくゼロに近づけていけるよう鋭意努力されています。

第3期行動計画では、「命を守る」、「命をつなぐ」、「生活を立ち上げる」という三本柱を掲げ、さらに、これまでの取り組みから見えてきた8つの重点課題の克服を目指し、ハード・ソフトの両面から対策を急いでいます。

表1-8に、第3期行動計画の中で示されている、南海トラフ地震に対して高知県が推進していく取り組みをまとめます。高知県では、災害に備えるための共通課題として「震災に強い人づくり」を掲げ、災害時の県民の自助、共助を促進するための取り組みを推進しています。加えて、南海トラフ地震の発生から応急期、復旧・復興までといったシナリオ全体に対して、「命を守る」、「命をつなぐ」、「生活を立ち上げる」という前記の三本柱のもと、具体的な対策を進めています。

表1-8　高知県南海トラフ地震対策行動計画(第3期 平成28年〜平成30年度 平成29年3月改訂)の取り組み一覧[11]

(a) 震災に強い人づくりに対する取り組み

課題	施策のテーマ	項目No.	具体的な取り組み
県民みんなが「正しく恐れ」適切に行動する	情報提供、啓発、防災訓練	1-1	県民への情報提供、啓発の促進 ①地震・津波への備えについての啓発活動
		1-2	県民の防災教育、訓練 ①市町村や地域が行う避難訓練等の支援 ②総合防災訓練実施
	防災人材の育成	1-3	自主防災組織の活性化 ①自主防災組織の設立支援・活動強化 ②消防学校での訓練
		1-4	防災人材の育成 ①県・市町村職員への研修 ②防災士の養成　③救急救命講習の受講支援 ④防災活動への女性の視点反映 ⑤女性防火クラブ・少年消防クラブ活動支援

(b)「命を守る」対策に対する取り組み

<table>
<tr><th>課題</th><th>施策のテーマ</th><th>項目No.</th><th>具体的な取り組み</th></tr>
<tr><td rowspan="5">災害に備える</td><td rowspan="5">事前の防災対策</td><td>2-1</td><td>地震・津波の早期検知・伝達体制の整備
①地震・津波観測監視システム構築
②学校への緊急地震速報受信機の設置促進</td></tr>
<tr><td>2-2</td><td>地域の防災体制の強化
①災害対策支部の体制強化　②情報伝達手段の多重化</td></tr>
<tr><td>2-3</td><td>学校等の防災対策
①保育所・幼稚園等の防災対策
②公立学校の防災対策　③私立学校の防災対策
④放課後子ども教室等の防災対策</td></tr>
<tr><td>2-4</td><td>医療機関の防災対策
①病院など医療救護施設における防災対策
②県立病院の防災対策</td></tr>
<tr><td>2-5</td><td>社会福祉施設の防災対策
①防災対策マニュアル作成等支援</td></tr>
<tr><td rowspan="2">災害に強くなる</td><td>文化財の保護対策</td><td>2-6</td><td>文化財の耐震化の促進
①文化財建造物耐震化　②文化財の津波対策等
③高知城の山体防災対策</td></tr>
<tr><td>防災関連製品の開発等</td><td>2-7</td><td>防災関連製品開発支援、導入促進
①製品開発支援、導入促進、販路拡大</td></tr>
<tr><td rowspan="5">揺れに備える</td><td rowspan="5">建築物等の耐震化</td><td>2-8</td><td>既存住宅の耐震化の促進
①既存住宅の耐震化支援
②教育旅行等の受入家庭（民泊）の耐震化促進</td></tr>
<tr><td>2-9</td><td>県・市町村有建築物の耐震化の推進
①市町村建築物の耐震化（小中学校除く）
②教職員住宅等の耐震化　③県庁施設等の耐震化
④牧野植物園資源植物研究センターの耐震化
⑤畜産試験場内施設の耐震化等
⑥内水面漁業センター等の耐震化
⑦内水面漁業センター・水産試験場の耐震化</td></tr>
<tr><td>2-10</td><td>学校等の耐震化の促進
①保育所・幼稚園等の耐震化支援　②私立学校の耐震化支援</td></tr>
<tr><td>2-11</td><td>医療施設・社会福祉施設の耐震化の促進
①医療施設の耐震化支援　②社会福祉施設等の耐震化支援</td></tr>
<tr><td>2-12</td><td>事業者施設等の耐震化の促進
①事業者等の耐震化支援　②大規模建築物等の耐震化支援
③融資制度による地震対策の支援
④商店街施設の耐震化支援</td></tr>
</table>

	室内等の安全確保対策	2-13	ライフラインの地震対策の促進 ①ライフライン復旧対策の検討　②水道施設の耐震化 ③下水道施設の耐震化、業務継続への取組 ④水供給システムの事前対策
		2-14	学校等の安全対策の促進 ①保育所・幼稚園等の室内安全対策 ②公立小中学校の室内安全対策 ③私立学校の室内安全対策 ④放課後子ども教室等の室内安全対策 ⑤県立学校ブロック塀等の改修　⑥学校体育館の安全対策⑦県立文化施設の安全対策
		2-15	家庭や事業所における室内の安全対策の促進 ①家具転倒防止対策　②既存住宅の部分的耐震対策の検討
津波に備える	避難対策	2-16	津波からの避難対策の促進 ①市町村津波避難計画見直し支援 ②地域津波避難計画の実効性の検証 ③観光客の避難対策　④漁業関係者の避難対策 ⑤港湾利用者の避難対策　⑥道路利用者の避難対策
		2-17	津波避難路・避難場所の整備 ①一時避難場所の確保（避難タワー等） ②農村地域における避難タワー等の整備 ③漁村地域における避難路・避難場所の整備 ④民間事業者への津波避難設備の整備支援 ⑤高知新港への避難場所等の整備 ⑥海岸、公園への津波避難場所整備 ⑦海岸、公園への避難誘導看板の整備 ⑧道路法面避難階段の整備
		2-18	避難路・避難場所の安全確保 ①避難路、避難場所の現地点検の支援 ②ブロック塀の安全対策の支援 ③老朽住宅等の除却の支援 ④山地災害危険地の避難路等の安全確保 ⑤避難場所の資機材整備に対する支援
	津波・浸水被害対策	2-19	重要港湾の防波堤等の整備 ①高知港・宿毛湾港の防波堤整備 ②須崎港の津波防波堤整備、改良
		2-20	海岸等の地震・津波対策の推進 ①浦戸湾口・湾内の整備　②県中央部海岸の整備 ③県管理・市町村管理海岸の整備

		2-21	河川等における津波浸水対策の推進 ①河川堤防・水門等の地震津波対策調査、設計 ②河川堤防の耐震化　③河川排水機場の耐震化・耐水化 ④高知港排水機場の耐水化　⑤農業用排水機場の耐震化 ⑥止水・排水資機材の調達システムの構築　⑦河川の整備
		2-22	陸こう等の常時閉鎖の促進 ①海岸堤防の陸こう等の常時閉鎖 ②保安施設堤防の陸こうの常時閉鎖
		2-23	津波による漂流物対策の推進 ①船舶の流出防止対策の促進、港湾における放置船対策 ②河川における放置船対策　③漁港における放置船対策 ④市町村管理漁港における沈廃船の処理支援 ⑤港湾等の津波漂流物対策　⑥丸太の流出防止対策
		2-24	高台移転に向けた取組 ①地域での高台移転の勉強会　②高台への工業団地整備 ③保育所・幼稚園等の移転検討、施設整備支援 ④社会福祉施設の移転検討、施設整備支援 ⑤県有建築物の移転検討
火災に備える	地震火災対策	2-25	市街地における火災対策 ①密集市街地における地震火災対策　②密集市街地の整備
	津波火災対策	2-26	燃料タンク等の安全対策の推進 ①タナスカ地区等の石油ガス施設対策 ②農業用燃料タンク対策　③漁業用屋外燃料タンク対策 ④港湾内燃料タンク対策　⑤高圧ガス施設対策 ⑥車両火災対策
土砂災害等に備える	土砂災害等対策	2-27	土砂災害対策
		2-28	ダム等の地震対策 ①県管理ダムの耐震化 ②国・事業者管理ダムの耐震照査、情報収集 ③県公営企業局管理ダム等の耐震化
		2-29	ため池の地震対策 ①ため池の耐震化

(c)「命をつなぐ」対策に対する取り組み

課題	施策のテーマ	項目No.	具体的な取り組み
輸送手段を確保する	緊急輸送の確保	3-1	緊急輸送のための啓開活動体制の整備 ①道路啓開計画の策定　②ダム湖内の船舶輸送 ③重機リース会社などへの協力依頼　④啓開道路の橋梁耐震化　⑤仮設道路計画作成　⑥港湾BCPの実効性の検証 ⑦高知龍馬空港の復旧対策の情報共有
		3-2	陸上における緊急輸送の確保 ①橋梁の耐震化　②法面防災対策 ③四国8の字ネットワーク整備　④鉄道橋梁等の耐震化 ⑤防災拠点施設への経路確保　⑥道の駅防災拠点化 ⑦緊急通行訓練・信号機停電対策 ⑧県内でのバスの輸送手段の確保 ⑨県外のバス事業者等との協力関係の構築
		3-3	海上における緊急輸送の確保 ①防災拠点港の耐震化　②防災拠点漁港の整備 ③漁船での緊急輸送体制の整備
早期の救助救出と救護を行う	情報の収集・伝達体制の整備	3-4	情報の収集・伝達体制の整備 ①庁内クラウド整備、情報ハイウエイの震災対策 ②警察情報システムのバックアップ ③校務支援システムの整備 ④安否確認システムの円滑な運用 ⑤県庁ホームページの緊急時の情報発信の仕組みの整備等 ⑥県庁窓口受付体制の整備 ⑦観光地における観光客（一次避難者）に対する交通情報等の提供
	応急活動に必要な機能の確保	3-5	応急期の機能配置計画の策定　①応急期の機能配置計画策定
	迅速な応急活動のための体制整備	3-6	応急対策活動体制の整備 ①災害対策本部体制の強化　②県退職者への協力要請 ③県職員の参集体制の整備 ④長期浸水における救助救出体制の整備 ⑤須崎市長期浸水対策の検討　⑥県庁舎の機能維持対策 ⑦警察署への自家発電設備整備　⑧消防団の資機材整備 ⑨救助救出活動に備えた資機材等整備 ⑩浸水域の救出活動体制の整備　⑪消防団員の確保対策 ⑫消防学校の教育訓練の充実・強化 ⑬県庁本庁舎・西庁舎・北庁舎の業務継続体制の確保 ⑭県への派遣要請の即時対応化
		3-7	市町村の業務継続体制の確保 ①市町村業務継続計画策定支援　②職員派遣手順書作成

		3-8	総合防災拠点の整備 ①総合防災拠点の運営体制の確立 ②総合防災拠点の資機材整備
		3-9	県外からの応急救助機関の受入体制の整備 ①応急救助機関の受入体制の整備 ②緊急消防援助隊の受入体制の整備 ③広域緊急援助隊等の受入体制の整備
		3-10	ヘリ運航体制の整備 ①消防防災ヘリ航空隊基地の移転整備 ②警察ヘリ基地の整備
		3-11	災害時の医療救護体制の整備 ①救護活動への県民参加 ②地域ごとの医療救護の行動計画の策定 ③医療救護活動を担う人材の育成　④医療救護の環境づくり ⑤医薬品等の供給・確保体制の整備 ⑥歯科医療提供体制の整備　⑦透析医療提供体制等の整備
		3-12	遺体対策の推進 ①検視用機材備蓄、検視場所選定 ②市町村遺体対応マニュアル策定支援、広域火葬体制の整備
		3-13	応急活動のための食料・飲料水等の備蓄の促進 ①県職員用備蓄　②県警察職員等用備蓄 ③保育所・幼稚園等の乳幼児・職員用備蓄 ④私立学校の児童生徒・職員用備蓄 ⑤県立学校の児童生徒・職員用備蓄の更新 ⑥県立病院の患者・職員用備蓄の更新 ⑦応急活動時に必要な現金確保
		3-14	応急対策活動用の燃料確保 ①災害対応型給油所の整備支援 ②応急対策活動用燃料の確保 ③継続的な救助活動のための燃料確保
	集落の孤立対策	3-15	孤立対策の促進 ①緊急用ヘリコプター離着陸場の整備支援 ②連絡通信体制の整備支援
被災者の支援を行う	被災者・避難所対策	3-16	避難体制づくりの促進 ①避難所の収容能力の拡大支援 ②避難所運営マニュアルの作成、訓練実施 ③広域避難調整　④避難所への資機材整備支援 ⑤避難所等における情報通信手段の確保、多様化 ⑥公立学校の避難所運営訓練 ⑦県立学校避難所対応マニュアルの見直し ⑧避難時の自動車利用についての啓発
		3-17	避難者等のための食料・飲料水等の備蓄の推進 ①県備蓄　②市町村備蓄　③備蓄以外の水等の確保

		3-18	県物資配送体制の検討 ①物資受入、配送体制の整備 ②物資搬送ルートの確保、検討 ③物資搬送手段の確保、検討　④県物資配送計画の策定
		3-19	市町村物資配送体制の検討 ①市町村物資受入、配送体制の整備 ②市町村物資搬送ルートの確保、検討 ③市町村物資搬送手段の確保、検討 ④市町村物資配送計画の策定
		3-20	被災者の生活支援体制の整備 ①市町村における被災者支援の体制づくり支援 ②金融機関の決済機能や現金供給機能の維持 ③行方不明者等に係る各種マニュアルの策定 ④運転免許証再交付体制の整備 ⑤給付金等の支払方法等の検討 ⑥災害時の消費者トラブルの防止
		3-21	災害時の心のケア体制の整備 ①災害時心のケア体制の整備 ②心のケア活動を担う人材育成
	要配慮者の支援対策	3-22	要配慮者の避難対策の促進 ①市町村避難支援プランの策定支援　②福祉避難所指定支援 ③要配慮者の避難スペースの確保支援 ④災害福祉広域支援体制の整備
		3-23	要配慮者の支援体制の整備 ①重点継続要医療者への支援体制の整備 ②情報支援ボランティア登録支援 ③多言語による情報提供体制の整備
	ボランティア活動の体制整備	3-24	災害ボランティア活動の体制整備等 ①ボランティアセンターの運営体制の強化
	被災者の健康維持対策	3-25	保健衛生活動の促進 ①災害時保健活動の体制整備 ②災害時栄養・食生活支援活動の体制整備
		3-26	ペットの保護体制の整備 ①ペット同行可能避難所の整備 ②動物救護体制の整備
	二次被害の防止対策	3-27	被災建築物・宅地の応急危険度判定等の体制整備 ①被災建築物の応急危険度判定の体制整備 ②被災宅地の危険度判定の体制整備

(d)「生活を立ち上げる」対策に対する取り組み

課題	施策のテーマ	項目No.	具体的な取り組み
復興体制を整備する	復興方針等の検討	4-1	復興組織体制・復興方針の事前検討 ①県の復興体制の検討　②復興方針策定の事前準備
くらしを再建する	被災者の支援	4-2	教育環境の復旧 ①県立学校・公立小中学校のBCP策定 ②保育所・幼稚園等のBCP策定
	生活基盤の復旧・復興	4-3	災害廃棄物（がれき）の処理 ①県災害廃棄物処理計画の検証 ②市町村災害廃棄物処理計画の策定促進 ③ごみ焼却施設等の強靱化対策 ④迅速な損壊家屋等の解体撤去対策 ⑤生活環境課題対応行政職員の育成
	住宅の復旧・復興	4-4	応急仮設住宅の供給 ①応急仮設住宅供給体制の整備 ②建築資材の安定供給の体制整備
		4-5	民間賃貸住宅の借上 ①応急借上住宅制度の充実 ②県外での被災者受入体制の検討
		4-6	災害公営住宅の整備　①災害公営住宅建設計画の策定
		4-7	住宅再建への支援　①住宅早期復旧に向けた体制整備
安全を確保する	まちづくり	4-8	土地利用方針の検討、防災まちづくり ①都市の復興のための事前準備　②地籍調査の支援
		4-9	交通基盤の整備　①交通・運輸事業者のBCP策定
		4-10	県土の復旧、保全、公共土木施設の早期復旧 ①建設事業者のBCP策定
なりわいを再生する	産業の復旧・復興	4-11	農業の再興 ①JAグループのBCP策定　②除塩マニュアルの見直し
		4-12	林業の再興　①木材加工業界のBCP策定
		4-13	水産業の再興　①漁協のBCP策定
		4-14	商工業の再興 ①商工業者のBCP策定 ②商工会・商工会議所のBCP改正促進
		4-15	観光産業の再興 ①観光業復興の情報収集　②旅館、ホテルのBCP策定
		4-16	雇用の維持・確保　①事業者全般のBCP策定
		4-17	健全な復興事業の推進　①暴力団排除連絡協議会の設立

また、高知県では、これまでの取り組みから、従来通りの方法で対策を進めていくだけでは限界があり、より重点的に取り組み、加速化を図る必要のある課題を抽出しています（表1-9参照）。第3期行動計画で掲げている減災目標を達成するためには、以下に示す8つの重点課題の克服が重要となります。

表1-9　南海トラフ地震対策行動計画における8つの重点課題[11)]

「命を守る」対策
① 住宅の耐震化の加速化
② 地域地域での津波避難対策の実効性の確保
「命をつなぐ」対策
③ 避難所の確保と運営体制の充実
④ 地域に支援物資等を届けるためのルートの確保
⑤ 前方展開型による医療救護体制の確立
⑥ 応急期機能配置計画の策定
⑦ 高知市の長期浸水区域における確実な避難と迅速な救助・救出
県民への啓発の充実強化（共通課題）
⑧ 震災に強い人づくり ～県民への啓発の充実強化～

①住宅の耐震化の加速化

南海トラフ地震による被害を可能な限り小さくするためには、強い揺れから身を守り、津波に対しては安全で確実に避難できることが不可欠となります。そのためには、まず、建物の耐震化を急ぐ必要があります。高知県では、南海トラフ地震に備えて、これまで建物の耐震化を鋭意進めており、学校などの県有施設では既に耐震補強を完了しています。しかしながら、平成27年3月時点では、既存住宅の耐震化は約77 %にとどまっていました。その背景には、県民にとって耐震化の必要性が十分に認識されていないことや、住宅所有者の費用負担が大きいこと、また、低コストで耐震工事を施すことのできる事業者が少ないといった課題がありました。そこで、高知県では、全市町村で戸別訪問を実施するなど、県民への啓発活動を推進するだけでなく、耐震診断・設計・改修工事という耐震化の各段階で費用の補助を行うなど、県民が主体的に住宅の耐震化を行えるような取り組みを強化しています。さらに、事業者に対しては、耐震工事の実践的な講習を行うことでレベルアップを図り、より安価で耐震化が行えるよう取り組んでいます。その結果、実際に行われた耐震工事の平均費用が減少傾向にあるなど、成果が着実に出ているといえます。

②地域地域での津波避難対策の実効性の確保

耐震化により、揺れから命を守ることができたとしても、短い時間で津波に襲われる可能性が懸念されます。そのため、各地域では、確実に津波から避難するために、避難経路を確保する必要があります。避難経路を確保するためには、避難経路の現地点検を行い、ブロック塀など、地震時に経路の妨げとなり得るものに対して、安全対策を事前に行うことが鍵となります。実際に、過去の地震では、ブロック塀や住宅が倒壊したことで、道路が通行できない状態になった事例は多数報告されています。

避難経路の確保だけでなく、避難場所を確実に確保することも重要です。高知県黒潮町の佐賀地区では、総工費約6億2,000万円をかけ、高さ22 mで、7階建てのビルに相当する津波避難タワーが建設されました[12]（写真1-1参照）。さらに、高知県知事が公表した取り組み計画（平成26年7月現在）[14]では、高知県全体で、津波避難タワーは計115基整備する計画となっており、今後も南海トラフ地震に備えたハード対策が進められると思われます。

また、ハード面での対策により避難経路を確保するだけでなく、その場に居合わせる県民が避難経路や避難場所を把握し、迅速に避難できることが重要となります。高知県では、地震発生後から津波が到達するまでの時間が短い地域が多く、こうした厳しい状況を意識した避難訓練を実施し、県民一人ひとりが避難を確実に行えるよう取り組んでいます。

写真1-1　高知県佐賀地区で建設された津波避難タワー[13)]

③避難所の確保と運営体制の充実

揺れに耐え、津波から無事に避難できた後、避難先となる避難所を安全な状態で確保することが求められます。しかし、高知県では、避難所の確保が困難な市町村が存在するため、そうした市町村の避難者をカバーするための広域避難体制を確立することが急がれています。また、地震後は道路ネットワークが寸断され、迅速な救援活動が行われないことが想定されるため、避難者が主体となって運営できる体制を整備していくことも重要です。そのため、高知県では、各避難所における避難所運営マニュアルの作成を急いでいますが、作成済みの避難所は今なお全体の一部しかありません。「高知県南海トラフ地震対策行動計画（第3期 平成28年～平成30年度）」では、906箇所ある避難所のうち、70％以上の避難所で運営マニュアルを作成することを目標に取り組んでいます。

④地域に支援物資等を届けるためのルートの確保

発災後、避難所には避難者が生活していくために必要な物資などの供給が遮断されることが懸念されるため、早期に輸送ルートを確保することが求められます。高知県では、陸・海・空のそれぞれに輸送ルートを想定し、取り組んでいます。陸においては、優先して啓開すべき防災拠点やルートの選定を行い、道路の法面や橋梁の耐震化を進めています。海については、防災拠点となる港における耐震強化岸壁の整備などを課題として取り組んでいます。また、空に関しては、全104箇所の緊急用ヘリコプターの離着陸場の整備完了を目指し、対策を進めています。

⑤前方展開型による医療救護体制の確立

地震後は、物資の輸送だけでなく、救護・救急活動にも大幅な遅れが見込まれます。そのため、負傷者により近い場所（前方）では、地域の医療関係者が一団となり、医療救護を行えるような体制を確立しておく必要があります。南海トラフ地震の際、高知県では相当な数の負傷者が発生することが想定されており、医療資源（医療関係者や医療に必要な場所、機材など）が確保できない地域が出てくることが懸念されます。また、医療関係者の災害時の対応能力の向上も課題の一つです。そこで、高知県では、医師向けの災害医療研修の実施や、医療資源が不足すると考えられる地域への、医療関係者の派遣制度の確立などを行っており、県全体で医療救護体制の強化に取り組んでいます。

⑥応急期機能配置計画の策定

発災後に迅速な応急活動を行うためには、各地域の中で、限られた土地や施設を有効に活用する必要があります。しかし、発災後は情報伝達が十分に行われない状態が危惧されるため、予め各場所で必要となる機能を想定し、準備する必要があります。

例えば、学校が地震後に使用可能な状態にあった場合、避難所として用いるのか、医療救護所として利用するのか、または、物資の集積所とするのかなど、与えられる機能は様々考えられます。残された施設・場所に対して、必要な機能の割り振り方法は、広域な視点で事前に考え、備えていくことが重要です。

⑦高知市の長期浸水区域における確実な避難と迅速な救助・救出

南海トラフ地震が生起した場合、高知市では、大規模な浸水被害に見舞われることが想定されています。高知市が行った試算によると、浸水期間は非常に長く、多くの人が取り残され、救出活動には約40日もの時間を要するとされています。非常に過酷な状況に陥ることが想定される中、住民の命を守り抜くためには、県・市・応急救助機関がそれぞれの役割を把握し、的確な対応を講じることが不可欠です。高知県では、相互に連携し、それぞれが実施すべき事項をまとめたアクションプランの策定を進めています。

⑧震災に強い人づくり――県民への啓発の充実強化

甚大な被害が想定される南海トラフ地震を乗り切るためには、県民一人一人の自助、共助の取り組みが不可欠です。住宅の耐震化や津波からの避難判断は、最終的に県民自らが行わなければなりません。これら県民主体の判断を後押しするためには、推定される被害の大きさや、それに対する対策の必要性を伝えるための啓発活動を積極的に行わなければなりません。そうした中、高知県では、メディアの活用や、県内一斉訓練の実施など、様々な取り組みを行っています。その結果、高知県が実施した、津波からの早期避難に対する危機意識は、平成22年度ではわずか約20%であったものの、平成27年度の調査では約70%まで上昇しています[14)]。南海トラフ地震による被害者を限りなくゼロに近づけていくために、啓発活動の強化や、新たな視点からの対応を講じていくことが求められており、これからも鋭意対策を推進していくことが重要だといえます。

参考文献・引用文献

1) 気象庁：南海トラフ地震について
2) 政府　地震調査研究推進本部　地震調査委員会：長期評価による地震発生確率値の更新について
3) 内閣府　南海トラフの巨大地震モデル検討会
4) 気象庁：気象庁震度階級関連解説表
5) 気象庁：平成23年3月地震・火山月報（防災編）
6) 東京大学大学院佐藤愼司教授の研究グループによる痕跡調査結果
7) 内閣府　中央防災会議　防災対策推進検討会議　南海トラフ巨大地震対策検討ワーキンググループ
8) 総務省消防庁：平成23年（2011年）東北地方太平洋沖地震（東日本大震災）について（第157報）
9) IMF：世界の名目GDP国別ランキング・推移
10) 内閣府　南海トラフ地震対策ホームページ
11) 高知県　危機管理部　南海トラフ地震対策行動計画
12) 高知県黒潮町：広報くろしお, No.136, 2017（平成29）年7月号
13) 内閣府：ぼうさい, Vol.89（冬号）, p.12, 2017
14) 高知県　危機管理部　南海トラフ地震対策課：平成2年度地震・津波に対する県民意識調査報告書, 2016.2

2章

過去の大地震と
その教訓

過去の大地震

南海トラフ地震が発生したときに何を目にするのか？　過去にわが国で発生した大地震による被害にそのヒントはあるはずです。本章では、近年発生した5つの大地震（表2-1、図2-1参照）[1)~5)] について、被害やそこから得られた教訓について説明します。

表2-1　過去の大地震の規模と被害状況

地震名	発生日	Mw※	最大震度	被害推定額（千円）	死者・行方不明者数（人）
兵庫県南部地震[1)]	1995年1月17日	6.9	7	9兆9,268億	6,437
三陸南地震[2)]	2003年5月26日	7.0	6弱	54億1,530万	0
新潟県中越地震[3)]	2004年10月23日	6.6	7	3兆	68
東北地方太平洋沖地震[4)]	2011年3月11日	9.0	7	16兆9,000億	22,199
熊本地震[5)]	2016年4月16日	7.0	7	3兆7,850億	264

※ モーメントマグニチュード

図2-1　過去に発生した大地震の発生位置

1　兵庫県南部地震（1995年1月17日）

都市を直撃した直下型地震

兵庫県南部地震は、構造物の耐震設計法が大幅に見直される契機となった地震です。

過去に観測された地震の中でも、大都市を直撃した直下型地震は兵庫県南部地震が初めてであり、神戸を中心に甚大な被害が発生しました。家屋が倒壊するだけでなく、道路や橋梁といったインフラ構造物が被災したことで、各地の交通網が通行不能となり、応急・復旧活動に甚大な支障が生じました。さらには、火災といった副次的な災害も同時発生するなど、これまで当たり前のように感じられていた平穏が一瞬にして失われてしまい、悲劇的な状況へ一変しました（写真2-1参照）。

(a) 震災直後の兵庫県長田区の様子

写真2-1　兵庫県南部地震で一変したまちの様子[6]

(b) 震災直後の兵庫県須磨区の様子
写真2-1 (続き)

表2-1をみると、大津波を伴った東北地方太平洋沖地震を除くと、兵庫県南部地震による被害推定額と死者・行方不明者数は他の地震に比べて、突出して大きいことが分かります。被災地が都市部であったことも理由の一つに挙げられますが、何より考えなければならないのは、地震そのものの強さと、被災地にある多くの構造物が準じていた、1960年や70年代に整備された旧い耐震設計基準の問題です。

加速度応答スペクトルからみる兵庫県南部地震

まず、兵庫県南部地震がどれほどの強さだったのかを説明します。表2-1に過去に被害をもたらした地震時に観測された強震動の加速度応答スペクトルの比較を図2-2に示します[7)]。加速度応答スペクトルとは、縦軸を絶対加速度(構造物の地震に対する応答加速度に、地震動そのものの加速度を足した値の最大値で、構造物に作用する力の程度を表す指標の一つ)、横軸を固有周期(構造物の揺れやすい周期)としたものです。

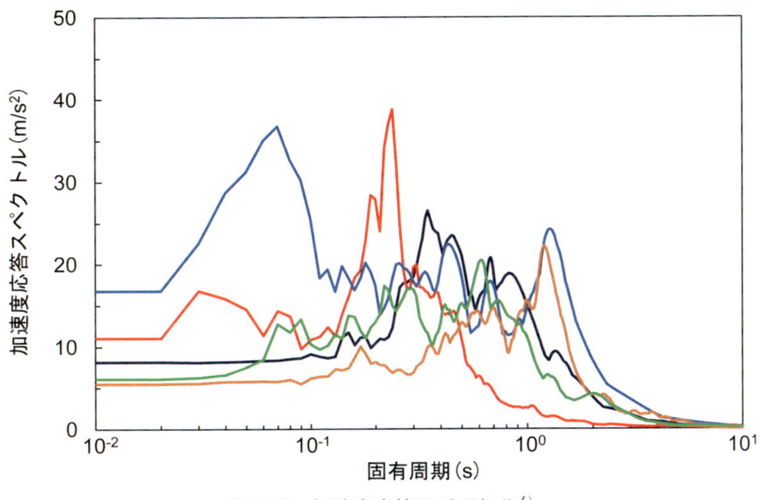

図2-2　加速度応答スペクトル[6)]

一般的な高架橋の固有周期は0.4～0.6秒程度です。図2-2から、その領域の加速度応答スペクトルをみますと、兵庫県南部地震が特に大きい値を示していることが分かります。つまり、兵庫県南部地震は高架橋に対して非常に厳しい地震であったといえます。

写真2-2に、兵庫県南部地震によるインフラ構造物の被害状況を示します。阪神高速道路3号神戸線や5号湾岸線、さらには国道43号線といった、神戸を代表する大動脈で、橋梁が相次ぎ損傷ないしは倒壊し、交通ネットワークが完全に寸断される事態に陥りました。また、山陽新幹線においても甚大な被害が発生し、姫路－新大阪間の運転再開には80日間を要する事態になるなど、兵庫県南部地震による被災状況は想像を絶するものでした。

(a)阪神高速道路3号神戸線における被害

(b)国道43号線岩屋高架橋における被害

(c)JR山陽新幹線の高架橋における被害

写真2-2　兵庫県南部地震によるインフラ構造物の被害[6)]

道路橋に関する耐震設計の変遷

次に、耐震設計基準に着目します。ここでは、道路橋に関する耐震設計の歩みを今一度振り返り、兵庫県南部地震が、現在の道路橋の耐震設計にどれほどの影響を与えたのかを紹介します。

日本における耐震設計の起源は、大正12年にまで遡ります。大正12年に発生した関東地震を契機に、内務省土木局から「橋台・橋脚の耐震化の方法」として震度法を適用する旨の通達が出されたことが始まりといわれています。さらに、大正15年の「道路構造に関する細則案[8]」では、設計震度が規定され、耐震設計はその形を成し始めました。

ここで、震度法について簡単に説明します。地震が発生した際、構造物には地震力が働き、ゆらゆらと揺れます。このとき、地震によって構造物に作用する力は時間とともに変化しますが（つまり、地震力は動的なもの）、この力を静的なものに置き換えて設計する手法が震度法です。また、地震力を静的に考える際に用いるパラメータを設計震度といいます。震度法は、計算が非常に容易であることが最大の利点ですが、設計する上で地震特有の動的作用や固有周期による影響の違いを評価しきれない点で注意が必要です。

大正15年に「道路構造に関する細則案」が出された後、地震の頻度や地盤条件が考慮され、昭和14年[9]、昭和31年[10]と設計震度の見直しが行われてきました。昭和39年には、「鋼道路橋設計示方書」の改訂[11]に加えて、「鉄筋コンクリート道路橋示方書」が制定[12]されるなど、道路橋の耐震設計基準は着実に進歩を遂げていましたが、依然として震度法の概念がベースとなっていました。そうした中、昭和39年の改訂直後に発生した新潟地震による被害を受け、橋梁の耐震設計では、地震による慣性力だけでなく、液状化（振動によって地盤が柔らかくなる現象）に代表される地盤変状の影響も考慮する必要があることが認識されるようになりました。加えて、高速道路の建設が本格化し、機械化による大規模工事も可能となるなど、橋梁に対する合理的な設計法がこれまで以上に求められるようになりました。こうした背景から、昭和46年に「道路橋耐震設計指針[13]」が規定され、液状化の判定方法や、落橋防止装置（地震により橋梁の上部構造が落下するのを防ぐために取り付けられる装置）に関する構造細目が定められただけでなく、修正震度法が新たに導入されました。

修正震度法とは、橋梁の固有周期に応じて、設計震度を変化させて設計を行うものであり、従来の震度法の欠点だった、橋梁の周期特性による影響を考慮できるように発展させた手法です。

昭和53年の宮城県沖地震では、橋脚の段落とし部（橋脚内で鉛直方向に配置した鉄筋量が変化する位置）など、鉄筋コンクリート橋脚の靭性（ねばり強さ）が小さい箇所での損傷が多く確認されました。この被害を踏まえ、昭和55年[14]には鉄筋コンクリート橋脚の変形性能の照査や、段落とし部の設計方法に関する新たな規定が定められました。

さらに、昭和55年の改訂では、入力地震動や動的解析についても述べられています。ここで動的解析とは、従来の（修正）震度法で行われてきた、地震力を静的な力とみなす手法とは大きく異なり、地震特有の動的な作用を、そのまま地震動として構造物に入力する解析手法です。動的解析を行う際に、構造物に入力する地震を入力地震動といいます。本改訂段階では、動的解析は研究途上であり、まだ実用化する段階ではないとし、具体的な記述はされていません。しかし、理想的な構造物の評価手法案が提案されたことは、当時の耐震設計からみると、非常に先進的なことです。

平成2年の改訂[15]では、動的解析とそれに用いる設計地震動に関する規定が定められました。さらに、地震時の変形性能に関する照査として、地震時保有水平耐力法が新たに規定されました。これは、修正震度法の考え方に、鉄筋コンクリート橋脚の非線形性を考慮した設計手法です。平成2年の改訂で定められた設計地震動は、過去最大級の地震の1つである、大正12に生起した関東地震クラスのものを想定して設定されました。

このように、幾度と繰り返し発生する地震による被害を基に研究が重ねられ、耐震設計法も発展を遂げてきました。そうした中で、平成7年兵庫県南部地震が発生しました。兵庫県南部地震で確認された鉄筋コンクリート橋脚の被害メカニズムのほとんどが、靭性（ねばり強さ）を発揮しない、脆性的で危険な破壊形式である、せん断破壊あるいは、段落とし部での曲げ降伏後のせん断破壊であり、これまでに観測されていた地震被害と大差はありませんでした（写真2-3参照）。また、甚大な被害が発生した橋脚の大半は、昭和55年以前の耐震設計基準でつくられたものでしたが、当時の耐震設計基準（平成2年改

写真2-3　兵庫県南部地震による鉄筋コンクリート橋脚の被害(段落とし部の損傷)[6]

訂）にも、依然として課題が多く残されていたことが浮き彫りとなりました。例えば、コンクリートが負担できるせん断力を過大評価していたことや、段落とし部における軸方向鉄筋の定着不足が挙げられます。

さらに、耐震設計基準の中で想定していた設計地震動は過去最大級のもの（関東地震）でしたが、兵庫県南部地震はそれを遥かに凌駕する破壊力を有していました。

兵庫県南部地震を通して、土木技術者は、構造物の耐震性能評価そのもの（耐力）と、考慮するべき設計地震動（外力）の両面に対して、抜本的な見直しを行うことを余儀なくされ、耐震設計の発展に向けて、さらなる知見の収集が強く求められるようになりました。

兵庫県南部地震を受け、土木学会は、平成7年から平成12年の5年間で、三度にわたり「土木構造物の耐震設計基準等に関する提言[16)～18)]」を公表し、以下の耐震設計に関する具体的な見直し方針をまとめました。

1. 構造物の耐震性能の照査では、供用期間内に1～2度発生する確率を持つ地震動強さ（レベル1地震動）と、発生確率は低いが断層近傍域で発生するような極めて激しい地震動強さ（レベル2地震動）の2段階の地震動を想定することが必要である。ただし、この考え方そのものは、すでに平成2年に改訂された道路橋示方書に反映されており、特に新しいものではありません。

2. 構造物が保有すべき耐震性能、すなわち想定された地震動強さの下での被害状態はその構造物の重要度を考慮して決定すべきである。重要度は、人命への影響、被害の社会経済への影響などを考慮して総合的に決められる必要がある。
3. 兵庫県南部地震による被災経験に照らし、現行の耐震基準を見直すべきであり、その際、水平震度の割り増し、地盤の増幅特性の考慮、液状化による地盤の水平変位の照査などについての追加・修正が必要である。
4. 兵庫県南部地震による被災経験を踏まえ、既存構造物の耐震診断を行い、緊急度により優先順位をつけ、必要な補強を早急に推進する。
5. 耐震基準等の見直しに必要な研究開発を早急に促進する。

兵庫県南部地震を契機として、橋梁構造物以外にも2段階設計法の概念が広まることになり、レベル1およびレベル2地震動の名称も定着しました。

レベル1地震動には、従来の設計水平震度が引き継がれました。また、レベル2地震動には、2つのタイプが設定されました。1つは、これまでに地震時保有水平耐力法で用いられていた、関東地震を基にした地震動であり、プレート境界型の大地震を想定したものです。もう1つは、兵庫県南部地震を参考に設定した地震動で、内陸直下型の大地震を考慮したものとなっています。

兵庫県南部地震により、土木構築物の耐震設計法は飛躍的に発展しました。また、耐震解析の高度化のほかに、不測の事態を想定した配慮、例えば、鉄筋コンクリート構造物の配筋のルールを定めた構造細目なども見直されています。

2　三陸南地震(2003年5月26日)

地震動の特徴

2003年5月26日に発生した三陸南地震では、各地で加速度の大きな地震動が観測されました。例えば、岩手県大船渡市では最大加速度1105 galが観測されました[7] (galは加速度を表す単位であり、cm/s^{2}と同意義)。兵庫県南部地震で観測された代表的な強震記録は、JMA・KOBE（神戸市中央区山手）ですが、それでも最大加速度は818 galです[7]。

一方で、コンクリート橋梁の被害に着目しますと、三陸南地震では、東北新幹線の一部で損傷が確認されたものの、兵庫県南部地震でみられたような大きな被害はありませんでした。これは、三陸南地震は短周期地震動（固有周期の小さい構造物に強く影響する地震動）であり、土木構造物に対して作用する力が兵庫県南部地震に比べると小さかったためだと考えられます（図2-2参照）。

損傷したJR東北新幹線ラーメン高架橋

三陸南地震は短周期地震動であったため、土木構造物に生じた被害は限られたものでしたが、東北地方の交通ネットワークの要といえる東北新幹線の高架橋に大きな損傷が発生しました。

東北新幹線水沢江刺駅〜盛岡駅間に位置する鉄筋コンクリート橋脚の一部では、せん断力を受けることでかぶりコンクリートが剥落し、鉄筋が露出するほどの大きな損傷が確認されました（写真2-4参照）。これらの高架橋は、宮城県沖地震（1978年）より前の耐震設計基準で建設されたものであり、脆性的で避けるべき破壊形式であるせん断破壊に対して、十分な量の補強鉄筋が配筋されていなかったことが、被害の主たる原因です。なお、被害が確認された高架橋が位置する岩手県内では、緊急耐震補強対策（関東運輸局：平成7年8月3日【関鉄技一第128号】「鉄道施設耐震構造検討委員会の提言に基づく鉄道構造物の耐震性能に係る当面の措置について」）の対象線区から外れており、耐震補強がなされていませんでした[20]。

写真2-4のように被災した高架橋では、高架橋の上部工による鉛直荷重に対して橋脚が耐えられるように仮支柱が取り付けられ、その状態で試運転列車を運行し、安全を確認した後に、徐行運転（70km/h）での運転再開となりました。損傷した橋脚では、鋼板を用いた巻き立て補強が行われています（写真2-5参照）。

(a)東北新幹線第3愛宕高架橋の被害①

写真2-4　三陸南地震による被害[19)]

(b)東北新幹線第3愛宕高架橋の被害②

写真2-4　(続き)

写真2-5　三陸南地震で被災した鉄筋コンクリート橋脚の応急・復旧工事[19]

3　新潟中越地震(2004年10月23日)

地震動の特徴

新潟県中越地方では、2004年10月23日に最大震度7を記録した本震を引き金として、震度5弱以上の余震が同日に10回発生し、新潟県中越地方を中心に甚大な被害をもたらしました。地震の強さと、断続的に発生した余震により、各地でライフラインが途絶え、さらには土砂崩壊や道路の損壊、鉄筋コンクリート高架橋の損傷が発生したため、一部の集落が完全に孤立する事態となりました。

また、上越新幹線では、新幹線開業以降、初めての脱線事故が発生し、世間に大きな衝撃を与えました(写真2-6参照)。死者や負傷者がいなかったことが不幸中の幸いといえますが、これまでの、「新幹線は安全な交通手段」という安全神話に一石を投じる結果となりました。

写真2-6　新潟県中越地震により脱線した上越新幹線「とき325号」[19]

古い構造物の耐震性能は不十分と分かっていても……

2003年に発生した三陸南地震と同様に、新潟県中越地震でも、新幹線鉄筋コンクリート高架橋に被害が生じました(写真2-7参照)。

(a)魚野川橋梁で確認された段落とし部における橋脚の損傷

(b)第一和南津高架橋で確認されたせん断破壊

写真2-7　新潟県中越地震で被災した上越新幹線の鉄筋コンクリート橋脚[19]

被災した上越新幹線の高架橋は、三陸南地震で被災した高架橋と同様の耐震設計基準でつくられており、耐震補強が施されていませんでした。一方で、耐震補強が優先的に施されていた区間については、列車の運行に支障を来たすほどの損傷は発生しませんでした。

1995年兵庫県南部地震を契機として、耐震設計は飛躍的な進歩を遂げました。しかしながら、過去の旧い基準で設計され、かつ補強が未着手ないわゆる既存不適格構造物は、相当数存在します。耐震性能に関する知見が皆無に等しかった高度経済成長の時期に、ここに示した新幹線をはじめ、多くのインフラ構造物が設計・施工されています。今、再び更地から我が国のインフラ構造物をつくりなおせるのなら、地震の脅威は大幅に低減できるでしょう。逆にいえば、知識も技術もあるのに、次の地震に対して自信を持てずにいるのは、まだ旧基準で耐震設計された構造物が多数あるためともいえます。当然、予算には制約があるわけですが、優先度をつけ、残された時間の中で既存構造物の耐震性能を改善する最大限の努力が求められています。

4　東北地方太平洋沖地震（2011年3月11日）

全てを呑み込んだ大津波

2011年東北地方太平洋沖地震の最大の特徴は、地震によって発生した大津波による被害にあります。これまでに説明してきた過去の地震と比較しますと、被害推定額や死者・行方不明数は比べ物にならず、我が国が津波に対して、いかに脆弱であったのかが見て取れます。

国土交通省国土技術政策総合研究所（以降、国総研と称す）の報告書[21]によると、宮城県の女川港や仙台塩釜港では、浸水高13 mを超えるほどの大津波が襲来したことが確認されます。大津波が東北地方太平洋沖の各地を襲い、そこにあるほぼすべてを飲み込みました（写真2-8参照）。

津波の影響を受けた橋梁に着目すると、橋脚基部が洗堀されたことで杭が露出したものや、橋脚そのものが丸ごと流出したもの、さらには上部工が完全に流されてしまったものなど、損壊の形式は様々でした（写真2-9参照）。

想像を絶する津波の破壊力を目の当たりにし、また、南海トラフ地震ではそれ以上の大津波の発生が懸念されていることから、ハードとソフトの両輪

写真2-8　東北地方太平洋沖地震による被害

写真2-9　津波によって桁が流出した橋梁

が上手く噛み合ったシステムの構築が求められるようになりました。国総研は、こうした取り組みの1つとして「津波からの多重防護・減災システムの構築」を掲げ、システム構築に必要な技術的骨格として以下の項目を提示しています[22]。

イ）【津波】最大クラスまで想定した、防災施設が対応できるレベルを超えた津波外力の設定

ロ）【津波】起こりうる津波浸水の想定

ハ）【津波】津波浸水時の被害生起に関わる津波作用の設定：津波浸水を受けても被害を起こりにくくする方策の技術検討に活用

ニ）【津波】津波浸水状況をいち早く把握し、即時減災策の実行に役立てるための手法

ホ）【人】円滑な避難を実行する方策の検討に資する手法

ヘ）【沿岸・港湾・湾岸】津波の侵入を防ぐ施設の機能向上：設計外力を超えた津波を受けても、すぐには機能の完全喪失に至らない粘り強さの付与

ト）【陸域】津波浸水を受けても被害を起こりにくくするための施設等の整備における工夫

チ）【陸域】インフラの整備や土地利用に、本来の目的に加えて減災策を組み込む方策

リ）【減災マネジメント】津波侵入時の減災マネジメント向上に資する手法

例えば、イ）について、耐震設計と同様の形で、2つのレベルの津波外力（レベル1津波・レベル2津波）が設定されました。レベル1津波は、想定される最大クラスの津波に比べて発生頻度は高く、津波高は低いものの被害が大きくなると予想される津波です。また、レベル2津波は、発生頻度は極めて低いものの、甚大な被害をもたらす最大級の津波を表しています。

道路橋の設計においては、津波の影響を考慮した構造計画を行うことが新たに規定されました。現状の技術レベルでは、橋梁に作用する津波の波力を予測し、それに耐えるように構造設計を行う対津波設計法は確立されていないのが現状です。

防波堤などの設置により、海岸線近くに住まれる方々、あるいは、そこに

あるインフラ構造物の安全性は、ある程度、高まることが期待されます。しかし、南海トラフが発生した場合には、地域によっては小さくない確率で大津波の襲来が想定されます。人の命は「国民が主体的に逃げる」ことで守るような防災教育を継続することが必要でしょう。一方で、流出するインフラ構造物について、どのように復旧するのかについての事前検討も早期復興を実現する上で重要であると感じます。

復興への道のり

2012年2月10日、前代未聞の大震災に見舞われた東北地方の復興推進を目的とした行政機関である復興庁[23]が設置されました。復興庁は、震災発生から10年（2021年）で廃止されることになっており、震災発生からの5年間を集中復興期間、残り5年を復興・創生期間とし、総力を挙げて復興活動の促進に取り組んできました。

強震動と大津波を併せて受けたことで、交通網が寸断されただけでなく、大量の瓦礫を処理しなければならないなど、復興の道のりは非常に険しいものとなりました。また、福島原子力発電所の事故も重なったことにより、避難者数は震災直後では約47万人に及び、被災地はまちとしての機能を維持するのが困難な状態に陥りました。

集中復興期間が終了した2016年3月では、避難者数は約17.1万人にまで減少しました。さらに、復興・創生期間に突入した2018年5月段階では、約6.5万人までに解消されています。今後も順次改善されると思われます（図2-3参照）。

東日本大震災から得られた教訓を次に活かさなければなりません。南海トラフ地震に対峙するにあたり、いくつかのヒントを東日本大震災からの復興に見ることができます。ここでは、代表的な例としてがれき処理を次節で取り上げます。

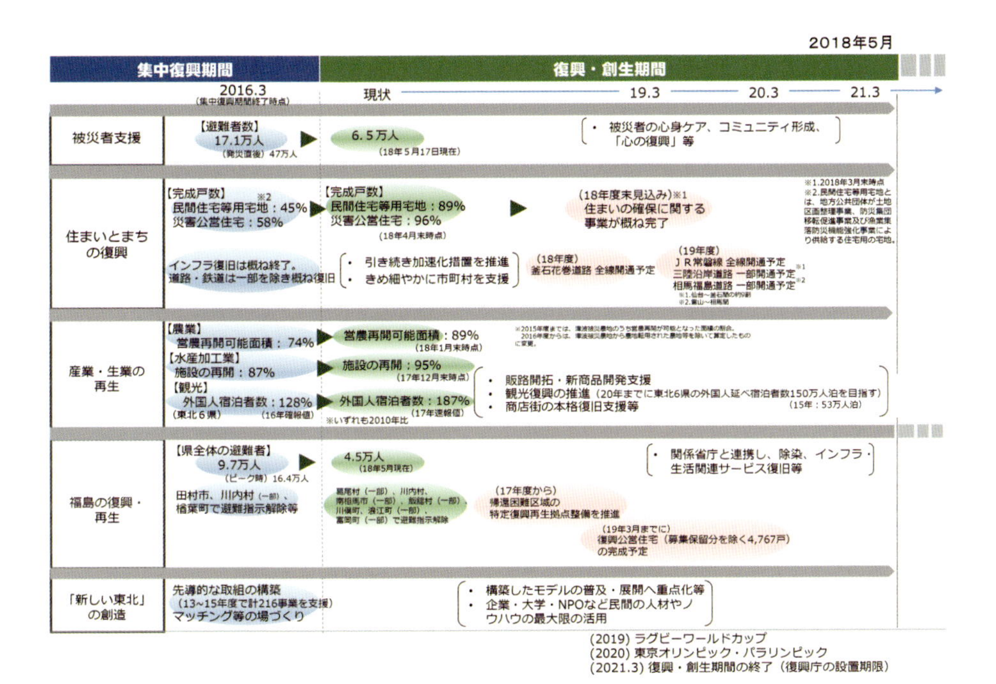

図2-3　東日本大震災からの復興に向けた道のりと見通し[23)]

早期復興に向けた取り組み

岩手県には、大船渡市に、太平洋セメント株式会社大船渡工場があり、一関市には、三菱マテリアル株式会社岩手工場が位置しています。震災後、これら2つのセメント工場は、復興活動に大きく貢献しました。

岩手県に位置する2つのセメント工場では、様々な可燃物を処理し、それらを原料、あるいは燃料として利用することでセメントの製造が可能となっています。さらに、製造されたセメントは復興活動で使用されるコンクリートに再利用できます。そこで、岩手県では、これらのセメント工場を、災害廃棄物の処理拠点とし、最大限に活用することで、早期復興を目指して取り組んでいます。

太平洋セメント株式会社大船渡工場では、東日本大震災により、セメントの製造に不可欠な焼成キルン1基が被災してしまいました。復旧には約1年3ヶ月を要しましたが、その後のセメント製造に大きく貢献し、復興活動において欠かせないものとなりました。

岩手県の事例から、将来起こり得る大震災に備えるためには、セメント工場に代表される、復興活動に大きな役割を果たす施設を事前に特定し、震災後も即時供用できる状態に維持するための対策が重要であるといえます。

また、福島県夏井地区では、同県いわき市で発生したコンクリートがれきを使用した海岸堤防が建設されました（写真2-10参照）。コンクリートがれきを用いることで、材料や処分に要するコスト縮減が可能なだけでなく、工期を大幅に短縮することができました。震災からの復興活動においては、限られた材料のみで、迅速に施工することが強く求められ、コンクリートがれきを再利用した海岸堤防は、津波からの震災復興策の良い参考になると思われます。

南海トラフ地震では、東日本大震災以上の被害が発生すると懸念されています。事前準備がいかに重要であるかはいうまでもありません。地震や津波に強い構造物をつくるだけではなく、今あるモノがどうなるのか、それによ

写真2-10　コンクリートがれきを再利用した海岸堤防[24]

り社会にどのような影響が及ぶのかを評価し、事前に備えることが重要なのです。

岩手県で行われたセメント工場の活用や、福島県で建設された海岸堤防の事例を踏まえ、震災後の混乱した状況の下でもスムーズに復旧・復興活動を行えることを可能にする管理手法の確立が強く求められています。

5　熊本地震（2016年4月16日）

観測史上初の震度7を2回観測

熊本地震では、2016年4月14日に震度7の前震が発生し、さらに28時間後（4月16日）には2回目となる震度7の本震が観測されました。立て続けに震度7の地震が観測されたのは、地震観測史上初めてのことでした。また、一連の地震で震度6弱以上の地震が7回発生しており、この回数の多さもまた観測史上初でした。

強震動を連続して受ける中で、構造物は様々なハザードの影響を受けることになります。例えば、阿蘇大橋では耐震補強が施されていたものの、地震により引き起こされた地すべりによって落橋してしまいました。2011年東北地方太平洋沖地震の際も、同じく耐震補強がなされていた橋梁が、津波によって流される被害が多数発生しています。このように、熊本地震をはじめとして、近年の地震では、単発の強震動だけではなく、強震動の連続した作用（前震や余震）、強震動を受けた後の津波作用、あるいは、強震動を受けた後の地滑りなど、地震を起因とするマルチハザードへの対策も求められています。

補強済みの橋梁が損傷

南阿蘇橋では、過去に2度の耐震補強が施されていました。1998年には落橋防止システムが設置され、2009年にはレベル2地震動の照査を満足させるため、制震ダンパーが取り付けられていました。2度にわたる耐震補強が施されていたにもかかわらず、南阿蘇橋では、熊本地震によって制震ダンパーの鉄筋コンクリート製取り付け部が完全に取り外れる損壊が発生してしまいました（写真2-11参照）。東日本大震災においても、制震ダンパーの取り付け部が損傷する例が報告されており、既存構造物に付加する免震や制震装置の据え

写真2-11　熊本地震による被害（南阿蘇橋）

付け方法の見直しが必要です。

兵庫県南部地震以降の耐震設計基準で設計・施工された構造物の中にも、被害が出たものがありますが、それらは構造物の周辺の地盤変状の影響を受けているなど、設計の想定の状況とは異なる作用によるものが主です。こうしてみますと、地震動に対する構造物の耐震設計は、相当の領域にまで高度化された一方で、過去の基準で耐震設計された耐震性能に乏しい構造物への対処や、強震動の後の津波や地滑りなど、マルチハザード問題への取り組みが必要です。後者については、構造物の設計で対処することが不合理な部分もあり、そもそもの路線計画などからの見直しもいるところです。耐震補強の際の優先度付けとも関係しますが、個々の構造物を見て耐震性を議論する時代から、構造物を含んだネットワークの中で、構造物の配置や、路線の冗長性、あるいは、ハザード環境（断層、津波浸水域、あるいは地滑り帯）の評価が求められる時代になっているといえます。

参考文献・引用文献

1） 兵庫県：阪神・淡路大震災の被害確定について（平成18年5月19日消防庁確定）

2） 宮城県：三陸南地震による被害について（最終報）

3） 総務省消防庁：平成16年（2004年）新潟県中越地震（確定報）

4） 総務省消防庁：平成23年（2011年）東北地方太平洋沖地震（東日本大震災）について（第157報）

5） 熊本県：平成28（2016）年熊本地震等に係る被害状況について【第271報】（速報値）

6） 神戸市：阪神・淡路大震災『1.17の記録』,http://kobe117shinsai.jp/

7） 気象庁ホームページ：気象統計情報・強震観測結果・地震波形, http://www.jma.go.jp/jma/

8） 内務省土木局：道路構造に関する細則案, 1926

9） 日本道路技術協会：鋼道路橋設計示方書案, 1939

10） 日本道路協会：鋼道路橋設計示方書,1956

11） 日本道路協会：鉄筋コンクリート道路橋示方書, 1964

12） 日本道路協会：鋼道路橋設計示方書, 1964

13） 日本道路協会：道路橋耐震設計基準, 1971

14） 日本道路協会：道路橋示方書・同解説　V耐震設計編,1980

15） 日本道路協会：道路橋示方書・同解説　V耐震設計編,1990

16） 土木学会：土木構造物の耐震設計基準等に関する提言（第一次提言）, 1995

17） 土木学会：土木構造物の耐震設計基準等に関する提言（第二次提言）, 1996

18） 土木学会：土木構造物の耐震設計基準等に関する提言（第三次提言）, 2000

19） 土木学会コンクリート委員会三陸南地震被害分析小委員会編：2003年,2004年に発生した地震によるコンクリート構造物の被害CD-ROM写真集（コンクリートライブラリー115）, 丸善, 2005.5

20） 土木学会：コンクリート委員会三陸南地震被害分析小委員会：2003年に発生した地震によるコンクリート構造物の被害分析, コンクリートライブラリー, No.114, 2004

21） 国土交通省国土技術政策総合研究所：東日本大震災（東北地方太平洋沖地震）被災地派遣状況・災害調査報告

22） 国土交通省国土技術政策総合研究所：東日本大震災に対して国土技術政策総合研究所が行った5年間の調査研究の全記録,国土技術政策総合研究所研究報告　第57号, pp.294-296, 2016

23）復興庁：東日本大震災からの復興に向けた道のりと見通し［平成30年5月版］
24）鹿島建設株式会社ホームページ：夏井地区海岸堤防工事

3章

インフラ構造物の現状・復興の限界

3-1　人口減少による労働力不足

図3-1に、日本の人口推移の推計をまとめました。総務省統計局[1),2)]によると、平成30年1月1日現在における日本の総人口は約1億2,659万2千人となっています。日本の人口は今後、急激に減少し、例えば2050年には、8,673万7千人（▲31%）になるといわれています[3)]。

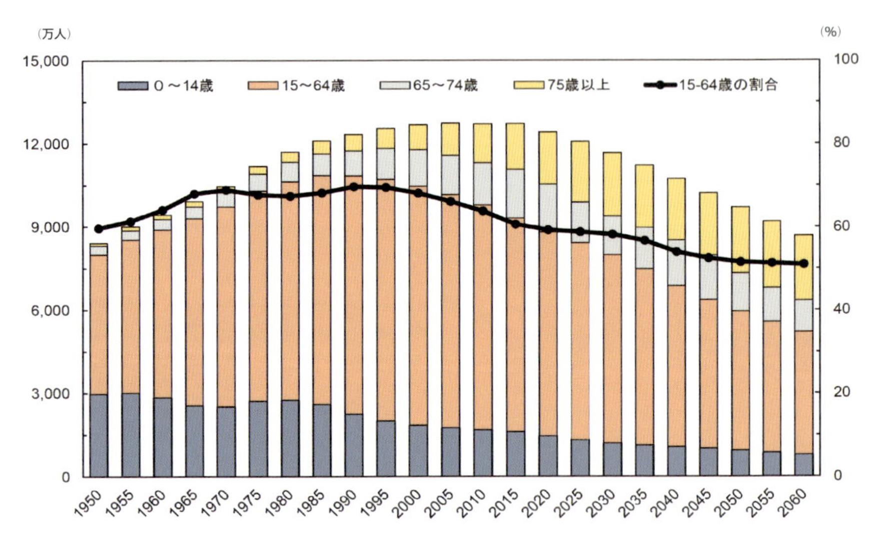

(注) 1950年～2010年の総数は年齢不詳を含む
高齢化率の算出には分母から年齢不詳を除いている

図3-1　日本の人口推移の推計[1)~3)]

さらに、少子高齢化社会が加速する我が国の生産年齢人口は、今後30年間で約8％減少すると見込まれています[1)~3)]。生産年齢人口とは、15歳以上65歳未満の年齢に該当する人口であり、生産活動の中核を担う年齢層を指しています。すなわち、生産年齢人口は、我が国の労働力を表す重要なパラメータであり、もし推計通り減少した場合、インフラ構造物の建設・維持管理に関する人手不足は深刻な状態に陥ることが懸念されます。必ず来る南海トラフ地震とはいえ、それがいつであるのかを予測することはできません。ただ、このような深刻な人口減少が生じていく中で、未曽有の被害に対処しなければならない事態が起こり得ることを想定し、残された時間と限られた予算の中で、継続的な取り組みを進める必要があります。

3-2 コンクリート生産量

南海トラフ地震では、広域にわたって地震と津波が襲来することから、膨大な災害廃棄物が発生するといわれています。環境省の調査[4]によると、その量は東日本大震災に比べて10倍以上に及ぶと推定されています。

発生する災害廃棄物には、木くずやコンクリートがら、さらには津波堆積物など、処理過程が大きく異なる様々な災害ごみが混合することになります。こうした災害ごみの対策も、南海トラフ地震の対策を考える上で非常に重要なファクターといえます。

例えば、コンクリートがらに着目しますと、南海トラフ地震での発生量は約70百万㎥に達すると推計されています[5]。この値は、東日本大震災で実際に発生した産業廃棄物の総計と、その中に含まれるコンクリートがらの割合等を踏まえて算出されたものです。

一方で、経済産業省による生コンクリート流通統計調査[6]では、平成29年度における我が国の生コンクリート月間生産能力は約55万㎥とされています。単純に、生コンクリートの生産能力と、南海トラフ地震によるコンクリートがらの推定発生量を比較するには無理があるかもしれません。しかし、両者の値に非常に大きな差があることは事実です。揺れや津波によってインフラ構造物が壊れるだけでなく、それを再建するために必要な建設材料の調達に困難を極めることは容易に想像できます。さらに、南海トラフ地震では、セメント工場などの復旧・復興活動に不可欠な材料の生産拠点も被災し、稼働不能になってしまう可能性もあることから、「つくれるものは事前につくっておく」といったような、これまでの災害対策には見られない、新たなハード対策を考えておく必要があるといえます。

3-3　耐震設計基準の限界

現行の耐震設計基準に基づいて鉄筋コンクリート橋脚の設計を行う際、特に重要となるのは「靭性（ねばり強さ）」です。ここで、靭性が高いとはどういうことなのか、なぜ重要なのか簡単に説明します。

地震力が橋脚に働いたとき、橋脚は急激に折れるのではなく、じわじわと曲がりながら緩やかに損傷していくように設計されており、この変形能を靭性といいます。橋脚が急激に破壊してしまうと、地震エネルギーを十分に吸収することができず、容易に橋梁が倒壊してしまいます。そうならないよう、橋脚の靭性を高めることで、橋脚の変形が大きくなるように設計し、この変形が生じる過程の中で地震エネルギーの吸収を図り、橋梁全体の倒壊を防ぐのが、現行の耐震設計基準の考え方です。

また、橋梁は、橋脚の他にも様々なパーツで構成されています。例えば、地中に位置し、橋梁全体を支える基礎や、車両等が通行する上部構造、橋脚と桁をつなぐ部材である支承などが挙げられます。橋梁の耐震設計を行う際は、橋梁システム全体系を俯瞰的に捉え、各部材毎に定められた、最適な地震時応答となるように留意しなければなりません。

橋梁の耐震設計では、橋脚がどの部材よりも先に損傷するように設計するのが原則となっています。もし橋脚よりも先に、地中の基礎が損傷してしまうと、基礎部分に損傷が集中します。ここで問題なのが、復旧性です。

地上に位置する橋脚は点検が容易であり、損傷の程度を目視することができますが、地中に埋まっている基礎に損傷が発生してしまうと、確認するだけでも困難であり、ましてや、補修を行う場合は、相当な時間とコストが必要になります。このように、橋梁全体の中で比較的に修復しやすい部材である橋脚に損傷を集中させ、他部材の損傷を防ぎ、早期復旧を可能とする設計手法を「キャパシティデザイン」といいます。

キャパシティデザインの概念に基づき、橋脚の靭性を可能な限り高め、地震エネルギーの吸収を期待する現行の耐震設計では、裏を返すと、大地震に対しては橋脚の損傷を許容しているということです。南海トラフ地震で発生する地震動の強度は、地域によっては、レベル2地震動を上回る可能性が懸念されており、地震後に橋脚に残る変形（残留変位）は、修復が困難なほどに大きくなる懸念があります。地震後、橋梁としての機能を保持できないレベルの変形が橋脚に残ってしまうと、人や車両が通行不能となります。地震後に橋梁が道路ネットワークとして果たす役割は非常に大きく、早期の復旧・復興を目指していくには、現行の耐震設計では限界があるといわざるを得ません。いかなる強震動に対してもダメージフリーでいる構造の開発など、技術の大幅なブレークスルーを期待したいところです。

3-4　既存不適格構造物が抱える問題

1　高度経済成長期とインフラ構造物

日本では、高度経済成長期にインフラ構造物の整備を集中的に行ってきました。耐震設計に関する研究や技術レベルは、幾つかの震災を経験し、あるいは材料的な劣化や変状が引き起こす様々な問題を受ける中で高められ、それらを各種の設計基準に反映してきました。しかしながら、インフラ構造物の建設が急がれた高度経済成長期には、耐震工学や維持管理の知見はまだまだ乏しかったと言わざるを得ません。そのため、旧基準に準拠した構造物は、当然のことながら補強などが施されていない限り、最新の基準に照らして設計・施工された構造物に比べると、耐震性や耐久性が乏しくなっています。

既存不適格構造物の問題は、当時の知見の無さに原因があるのであって、決して構造物の設計・施工に携わった技術者、あるいはそれらを管理する側に責任があるわけではありません。しかしながら、インフラの既存不適格構造物の問題を取り上げると、安易な管理者批判につながることがあり、さらには、むやみに構造物利用者の不安を煽ることを恐れるため、真正面にこの問題を扱い、公に議論することを避けるきらいがあります。そのことが結局、耐震補強などを進める際、管理者の努力のみに頼るような厳しい状況が続くことになり、また、市民はそれら既存構造物の持つ安全性の程度、あるいはそれが損傷・倒壊することで引き起こされる問題について情報を得られる機会がなくなっているのが実情ではないかと懸念します。2011年の東北地方太平洋沖地震の前、原子力発電所の安全性を議論することがタブー視されたことと同じ危うさを感じてしまいます。

土木技術者は公平・中立な立場から、インフラの既存不適格構造物の問題をよりオープンに取り上げ、市民のこの問題に関するリスクの認知と投資への理解を高めることに努めるべきです。

2　既存不適格構造物の現状

例えば個人の住宅について、建築基準法が改訂されるたびに、家主の自己負担で住宅を耐震補強させることは義務付けられていません。家主の判断により耐震補強がなされていない場合に、仮に住宅が地震により倒壊したとしても、それは家主の自己責任となります。これには、個人の住宅では、その倒壊が他者を巻き込む、あるいは都市活動に影響を及ぼす可能性が小さいことが背景にあると思われます。一方で、土木構造物の場合には、その倒壊が及ぼす社会的な影響は極めて大きく、既存不適格な土木構造物には、一般の住宅と異なる対応が必要となります。もちろん、建築構造物の中にも、多数の居住者や利用者がいる、あるいはその倒壊が都市の活動に大きな影響を与えるものもあり、この場合には既存不適格な土木構造物と同様の対応が求められるでしょう。

例えば、多数の利用者が利用する乗り物に事故が発生し、仮にその事故の原因が乗り物の構造的な欠陥にあった場合、他の同型の乗り物を使い続けることは容認されないでしょう。事故が起こる前に、その欠陥を実験や軽微な故障の事例などを通して、乗り物の運営会社が認知していたにも関わらず放置し、事故が起きたのなら、その会社は厳しく罰せられるのではないでしょうか。日本にある旧基準で設計された既存構造物は、欠陥のある乗り物を使い続けているのと同じ状況との批判を免れ得るでしょうか。

35年以上前の1978年、宮城県沖地震により鉄筋コンクリート構造物にせん断による損傷や段落し位置での損傷が発生しました。それから17年後の1995年、兵庫県南部地震により多くの土木構造物が被害を受けました。この状況の中、2011年の東北地方太平洋沖地震でも、既存の土木構造物に、過去の地震被害で目にしたものと同じ被害が生じています。

多くの土木技術者は、震災のたびに、集中的に研究活動を展開し、指針やガイドラインの整備などを通して、耐震技術の向上に取り組んできました。これらは、新たに設計・施工される構造物に活かされ、次の大地震に対する安全性を高めることに大いに貢献しています。しかしながら、既に供用されている構造物については、その耐震補強の進捗程度、あるいは、それらが強震動を受けて被害が発生した場合に引き起こされる社会的影響などの情報について、市民が耳にする機会は極めて少ないのが現状です。土木に携わる者には、既存不適格な土木構造物の補強の進捗、性能の状況、あるいはそれらの地震被害が社会に及ぼすリスクなどについて社会に情報発信し、そして、これら過去の基準で設計された構造物の性能を向上させることへの投資について、社会の理解を得るために努力を払う必要があると思われます。

もちろん、既に高速道路や鉄道の管理者は、過去の基準で設計された土木構造物の耐震補強を着実に進めています。例えば、東日本旅客鉄道株式会社（JR東日本）内の新幹線では、緊急耐震補強対策が進められています。兵庫県南部地震（1995年1月）以降、危険な破壊形式となることが懸念される、せん断破壊先行型の高架橋柱を対象として、約3,100本もの柱が補強されました[7]。その後、三陸南地震（2003年5月）を経て、高架橋柱の対策エリアが拡大され、新幹線のラーメン高架橋および橋脚では約15,400本もの柱のせん断補強を終えています[8]。JR東日本では、耐震性能の弱いものから順次耐震補強を継続的に行うこととしており、現在、2次対策として、曲げ破壊先行型（靭性を発揮できる破壊形式）の柱でも、耐震性の低い柱に対して補強を進めています。

しかしながら、既存不適格な構造物の数は極めて膨大であり、1995年以降の三陸南地震、新潟県中越地震、あるいは東北地方太平洋沖地震などで繰り返される地震被害の状況、さらには南海トラフ地震の切迫性を鑑みれば、既存不適格な土木構造物の補強対策について、さらに積極的な対応が必要であることはいうまでもありません。

なお、既存構造物が準拠した設計基準に示される設計外力を上回る作用を受けたとしても、構造物は直ちに損傷・倒壊することはありません。それぞれの設計過程では、当時から様々な安全側の配慮がなされており、それは部分係数や、あるいは安全側の値が算定されるような構造解析モデルの規定などに反映されています。既存構造物が保有する性能を正しく評価し、それが損傷・倒壊することで引き起こされる影響度を確かな精度で算定していくこともまた重要です。

3　既存不適格構造物に対する今後の対応

予算やマンパワーには限りがあり、全ての既存構造物を対象に、現行基準で設計される構造物と同じ性能を有するように補強していくことを要求するのは、非現実的であると言わざるを得ません。しかしながら、土木技術者はその専門知識に基づき、耐震性の低い既存構造物の現在の危うさを認識しつつも、一方で、予算的な制約もあり、むやみに危うさを市民に対して強調することへのためらいなどから、市民に対して無言を貫いているのではないでしょうか。結果として、このためらいがリスクの軽減を妨げているともいえます。この状況を打破するには、「耐震補強の実施の有無を構造物所有者の判断に完全にゆだねる」ことと「既存構造物の全てを現行基準で設計される構造物と同じ性能を有するように強制する」ことの間を埋めることができる制度的な何かが必要です。

上記に関連して、コロラド大学のCorotisらの文献[9]に、幾つかの興味深いヒントを見つけることができます。参考文献[9]では、自然災害に対して脆弱な構造物の補強を実践させる、あるいは補強のための予算確保に必要な手段は何かが論点になっています。安全性が十分でない構造物の補強を進める上でのチャレンジは、low-probability（発生する可能性が低い）で、high-consequence（影響度が大きい）な自然災害について、知識や経験が少ないpublic（市民）とdecision maker（ステークホルダーなど）にその必要性を専門家集団が提示することであり、実践するためのキーとして以下の5つが挙げられています。

- public risk perception
  （一般市民によるリスクの認知）
- public participation in hazard mitigation planning
  （災害緩和計画への一般市民の参加）
- incorporation of community values
  （コミュニティの価値観との調和）
- incompatibility of political motivation and long-term planning

（政治的動向と長期計画との齟齬）

・finances of risk and return

（投資のリスクと収益）

5つのキーに関係した幾つかの研究成果等が紹介されています。リスク関係の教科書的な内容も多いのですが、その中でも、「Report Card for America's Infrastructure」は興味深い取り組みです。アメリカ土木学会（American Society of Civil Engineers、ASCE）によって発刊されているもので、インフラ構造物の現在の状態、あるいは補強対策、さらにはそれに係る費用などが示されています。ASCEでは、継続してこの作業に取り組んでおり、4年に一度、情報を更新しています。図3-2はウェブにて公開されている情報の一例です。一般市民や管理者、あるいは政治家に対して、インフラ構造物の現状やリスクを周知し、インフラ構造物の補修・補強に投資することへの理解を求めています。インフラ構造物の現在の状態は、ASCEに所属する各構造物の専門家により評価されています。基本的な手順は、以下のようになっています。

図3-2　アメリカにおけるインフラ構造物のレポートカード

1)　各構造物の情報を収集する。アメリカの場合、例えば橋梁であれば、各州のDOT（Departments of Transportation）、あるいはFHWA（Federal Highway Administration）が設計図面、点検や検査の実施時期とその結果などを一元管理しており、既存構造物のデータベースが確立していることから、そこから情報提供を受ける。

2) 各構造物の状態の分析と大まかな状態報告レポートの作成

3) 初期グレードの確定とその結果についての意見集約

4) 最終グレードの確定とその周知

設計の想定を超える事象への対応、あるいは既存不適格な構造物の現行規準で求める安全性レベルへの整合（耐震補強など）は、構造物管理者に強制的にその実施を求めることはもちろん難しいことです。これらを実施するには、土木学会などの専門性を有する第三者が最新の知見に基づき、構造物、あるいは構造物を含むネットワークの脆弱性を公正に評価し、それを市民（パブリック）に対して公開し、そして構造物、あるいは構造物を含むネットワークの安全性レベルを向上させることの必要性を理解してもらう働きが必要となります。このためには、目標性能の妥当性などを、市民や構造物管理者が容易に理解可能な言語が必要であり、土木構造物が有するリスクは、安全性レベルの大きさの是非、あるいは耐震補強や維持管理対策の必要性を市民と議論する際の対話言語として欠かせない要素だといえます。

なお、このような活動を行うためには、参考文献[9]に相当するような、既存構造物の設計図面などの構造の詳細がわかるデータベースと、その公開が必要となります。構造物によっては図面がない場合などもあり、データベースの構築の支援を必要とする場合もあると思われます。

構造物や道路ネットワークといったシステムに対する脆弱性評価は、以下の項目などに対して実施されます。

1) 既存不適格構造物群の耐震補強の優先度や必要な補強量の推定

2) 設計地震力を上回る地震作用を受けたときの構造物あるいは構造物を含むシステムで生じるリスク

3) 活断層あるいは津波の新たな情報といった最新のハザード評価への対応

構造物、あるいは構造物を含むシステムが持つ脆弱性は容認されるレベルにあるのか、それらの安全性を高めるのに必要な具体の技術と予算はどれほどになるのか、または、設計コードで規定する荷重の大きさは妥当なものであるのかなど、実現には非常に多くの課題が存在することも事実ですが、これらについて、第三者が審査し、その結果を構造物利用者（市民）とその管理者に公開するシステムを構築することで、リスクの認知と投資への理解が高まり、結果として、土木技術者として危ういと感じる既存不適格構造物などを減らしていくことに貢献できるのではないでしょうか。

例えば、土木学会では、第三者機関として土木学会がインフラ構造物の健康診断を行い、その結果を国民に公表し、解説することにより、インフラ構造物の維持管理・更新の重要性や課題の共有をはじめました。このような活動を通し、公平・中立な立場から情報公開の一端を担うことの意義は極めて大きいと考えます。

3-5 インフラ構造物の高齢化・老朽化

1 既存インフラ構造物の現状

安全・安心なインフラ構造物の整備により、日本の各都市はこれまで持続的な発展を遂げてきました。一方で、高度経済成長期に集中的に整備されたインフラ構造物は、今後、一斉に高齢化が進みます。インフラ構造物の高齢化に伴い維持管理費の増加が見込まれるとともに、今後も厳しい財政状況が続いた場合、真に必要なインフラ構造物の整備だけでなく、既存構造物の維持管理・更新にも支障をきたす恐れがあります。高度経済成長期を終え、日本が少子高齢化社会を本格的に迎える中で、膨大なインフラ構造物のストックを効率的かつ経済的にマネジメントすることは、今後の都市の持続的発展を可能にするために必要不可欠な要素です。

従来のインフラ構造物の設計・施工では、設計耐用期間内に作用する可能性のある最大級の荷重に対して適切な安全性を経済的に確保することが主たる目的でした。高度経済成長期は、ライフサイクルの視点に立ち、インフラ構造物の長期にわたるメンテナンスや設計耐用期間後の構造物の廃棄・更新に必要な予算、あるいは構造物の製造や廃棄などが環境に与える負荷についての配慮があまりなされていませんでした。いうまでもなく、建設分野は大量の資源を消費し、かつ、建設副産物の産業廃棄物に占める割合は非常に大きいものがあり、低環境負荷型社会の形成に大きな責任を負っています。今後、スクラップ＆ビルドの考えをインフラ構造に持ち込むことは現実的ではありません。大きな経済成長が期待できない経済環境に移りつつある中で、インフラ構造物の高齢化に対峙する方策を決めることは喫緊の課題であることは間違いありません。環境負荷を最小化し、社会のコスト負担を抑え、社会の持続的な発展を可能にしなければなりません。

写真3-1は、2011年東北地方太平洋沖地震の被害調査の際に観察された材料劣化の一例です。これらが構造物の地震被害にどのような影響を及ぼしたのかについては、詳細な検討が必要となります。しかし、耐震性能評価の一般的な検討では、構造物を構成する材料は、設計当時の状態を維持していると仮定するのが一般的ですが、写真3-1に示されるように、既存構造物では、その仮定が成立しないことがあります。例えば、飛来塩分の作用を受け、鉄筋腐食が発生し、その腐食生成物の膨張圧によりコンクリート表面に腐食ひび割れが見られる鉄筋コンクリート構造物を前にして、(1) 安全性の初期状態に対する低下量、(2) 外観的な調査から内部の劣化状態を空間分布まで再現、(3) 今後の使用可能期間（余寿命評価）、(4) 長寿命化を可能にする補修・補強の実施時期、等々のもっとも基本的、かつ本質的な質問に現状の技術レベルでは答えられないのが現状です。材料劣化が生じた構造物の構造性能評価は、インフラ構造物のマネジメントにおける中核をなしており、その研究の高度化は必須です。

また、インフラ構造物の高齢化問題は、単に関連分野の研究力の向上を図る、あるいは技術開発を進めるだけでは解決しないものもあります。例えば、参考文献[10] によると、道路橋梁（橋長2 m以上）のうち9割以上が地方公共団体の管理であるなど、インフラ構造物の大部分は地方公共団体が管理している状態です。地方公共団体は、厳しい予算状況下にあり、土木技術者が圧倒的に不足しています。技術者の育成、その技術力の向上、あるいは構造物の不具合情報を速やかに収集・対処できる制度作りなどにも取り組まなければなりません。

写真3-1　2011年東北地方太平洋沖地震後の被害調査中に観察された材料劣化の例

米国では、1967年、オハイオ川にあるシルバー橋の崩壊事故により、50名近い方が犠牲となりました。この事故前は、多くの自治体で橋梁の点検・検査はほとんど実施されておらず放置されていましたが、これを契機として、橋梁の点検・検査が義務化されました。その後も、ミアナス川橋梁の落橋事故があり、単に点検・検査を実施しているだけでは事故を防ぐことができないとの反省から、点検・検査結果がデータベース化されました。点検や検査、あるいは診断については随時その方法は見直されており、PONTISなどのコンピュータを用いたシステムに反映されています。点検・検査、診断、補修・補強設計のサイクルが米国では既に動いており、データベースは常に更新され、ライフサイクルコストの最小化を可能にする診断がなされるようにシステムの改善が続いています。また、技術者が不足する地方では、州レベルの技術者が点検・検査を代行しているところもあるなど、日本のインフラ構造物の維持管理の高度化を図る上で参考となる事例を米国に見ることができます。米国など、諸外国の例からも十分に学び、研究レベルの向上、技術開発、技術者育成や支援、さらにはインフラ構造物の現在の劣化程度や対策の進捗についての国民に向けた情報発信、などを積極的に促し、インフラ構造物の老朽化による将来的な事故を防がなければなりません。

2　既存インフラ構造物の今後の対応

図3-3に、既存構造物のメンテナンスに係る個々の研究内容とそれら相互の関係を一覧にまとめました。例えば、コンクリート分野では、材料や耐久性に関する研究分野と、力学や構造に関する研究分野の二つが主にあり、それぞれの分野は独自に発展してきました。しかしながら、既存コンクリート構造物のメンテナンスで取り組むべき課題は、材料・構造の両者の境界に位置しています。土木学会コンクリート委員会材料劣化が生じたコンクリート構造物の構造性能研究小委員会（委員長：下村匠教授（長岡技術科学大学）、以下331委員会）の活動は、このような問題への対処法の好例を示しており、図3-3の「枠組み（a）」がその主な検討内容となっています。既存コンクリート構造物の現場位置で得られる非破壊検査などの情報を入力情報とした構造解析を実施することで、点検・検査時点での構造性能の設計段階からの低下量を把握することが可能になります。構造解析の精度検証のため、また、劣化構造物で生じている劣化機構の解明のため、実験事実の積上げと、既存実構造物の点検・検査結果のデータベース化も必要です。これらの検討項目に対する研究成果を有機的にリンクすることで、現有性能の精緻な把握が可能になります。もちろん、単に連携を図るだけでなく、個々の技術の高度化も必要であり、非破壊検査技術やICT（Information and Communication Technology）をベースとしたロボット等による高度な点検・診断技術、モニタリング技術、あるいは材料劣化が生じた構造物の性能評価のための数値解析技術の改善も進めていかなければなりません。

図3-3の「枠組み（b）」の内容は、インフラ構造物に作用する荷重・環境作用の評価に係るものとなっています。兵庫県南部地震以降、多くの耐震規準が改定され、その中には、断層から発生する地震動を推定するように規定した規準は少なくありません。設計規準において地震動を作成するプロセスが取り入れられてきたことは、地震動を推定する知識が深まり、体系化されてきたからに他なりません。このほかに、文部科学省地震調査研究推進本部などにより、日本の地震動予測地図（確率論的地震動予測）が公表されるなど、地震の発生頻度やその規模は地域依存のものであることが積極的に公開されています。一方、環境作用の評価も、重点的に取り組まれている研究課題の一

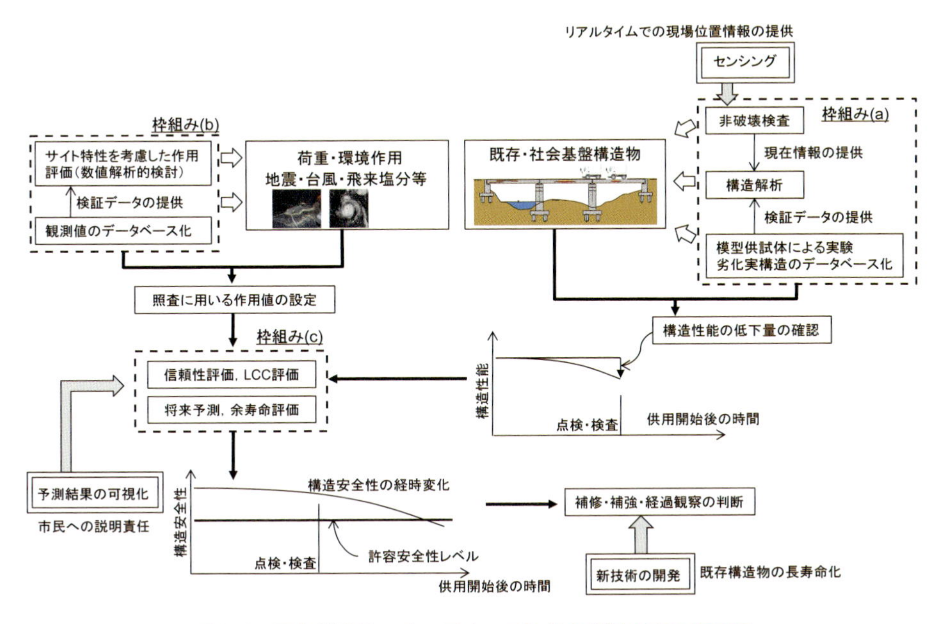

図3-3　既存構造物のメンテナンスに係る検討内容の相関図

つです。地震や風荷重などを対象に構築されてきた荷重論を援用し、地域性を考慮した環境作用モデルの構築が試みられています。海洋環境を例にすれば、時間的・空間的に変動するものとして、飛来塩分量、海風比率、降水・降雪量、気温、湿度、また空間的に変動するものとして、海岸線からの距離、対象構造物の周辺地形などがあり、それらの各影響を包含した環境作用モデルが求められています。なお、荷重・環境作用の評価は、近年、飛躍的に進歩した分野であるとはいえ、それに係る不確定性の大きさは「枠組み (a)」の構造性能評価に係るそれに比べると圧倒的に大きいのが現状です。

「枠組み (c)」の内容は、構造性能と作用の比較から、既存構造物の安全性評価を行うものです。これに材料劣化の進展とそれに伴う構造性能変化の将来予測、さらには荷重・環境作用の時系列な変動を考慮することで、構造安全性の経時変化を表現することができます。これと許容安全性レベルを比較することで、補修・補強、あるいは経過観察の判断を行うことになります。構造安全性は、信頼性理論を用いて構造物の破壊の可能性を定量化したものや、他の力学指標を用いて検討することも行われています。また、近年は、ライフサイクルコストを判断指標として、単なる安全性の比較から、安全性と経済性の両者を考慮した検討も行われています。結果として、これらの指標に基づき、補修・補強の実施の有無の判断や、さらには対象地域内にある複数構造物に対して補修・補強優先度の順位付けなどが可能になります。なお、補修・補強の判断基準となる指標は、当然、市民に対する説明責任を果たせるものでなければなりません。

土木技術者には、図3-3の各項目に積極的に取り組み、深度化を図るとともに、相互の連携を常に意識することが求められます。ある項目の出力は、ある項目の入力となり、最終的に、既存構造物の補修・補強・経過観察の判断が下されます。前記の331委員会の活動でも指摘されているように、例えば、構造解析技術者と非破壊検査を専門とする技術者が連携することで、構造物の現場位置で得られる情報を活かした構造解析が実施でき、より確かな精度での構造性能の開示が可能となります。構造解析で必要となる入力情報を非破壊検査に携わる技術者が理解することで初めて、効率的、かつ合理的な非破壊検査結果が出力されるのです。各項目の研究者・技術者が図3-3を念頭に全体を俯瞰して自らの専門に取り組み、相互の関係を理解することで、より確かなメンテナンスの構築が可能になるのです。

参考文献・引用文献

1) 総務省：国勢調査
2) 総務省：人口推計（平成27年国勢調査人口速報集計による人口を基準とした平成27年10月1日現在確定値）
3) 国立社会保障・人口問題研究所：「日本の将来推計人口（平成24年1月推計）」の出生中位・死亡中位仮定による推計結果
4) 環境省巨大地震発生時における産業廃棄物対策検討委員会：巨大災害時における産業廃棄物対策のグランドデザインについて，参考資料（2014）
5) 水谷一平，梁田雄太，加用千裕，立尾浩一，橋本征二：南海トラフ巨大地震における産業廃棄物の広域処理と仮設処理施設の検討，学会誌「EICA」第21巻，第2・3合併号，2016
6) 経済産業省：生コンクリート流通統計調査
7) 土木学会東日本大震災被害調査：団緊急地震被害調査報告書 第9章　橋梁の被害調査，pp.1-42, 2011
8) 東日本旅客鉄道株式会社：ラーメン高架橋・橋脚の耐震補強対策の進捗状況について，2008
9) Ross Corotis、Holly Bonstrom and Keith Porter: Overcoming public and political challenges for natural hazard risk investment decisions, Keynote, Proceeding of the 5th Asian-Pacific Symposium on Structural Reliability and its Applications, Singapore, 2012
10) 国土交通省社会資本整備審議会・交通政策審議会：今後の社会資本の維持管理・更新のあり方について答申本格的なメンテナンス時代に向けたインフラ政策の総合的な充実〜キックオフ「メンテナンス政策元年」〜，2013

4章

南海トラフ地震に
備える

4-1 「減災」の考え方

2011年3月11日の東日本大震災では、東北地方の各地で甚大な被害が発生し、その復興作業は今なお継続されています。東日本大震災後、あまりに大きな被災状況を目の当たりにし、「想定外」という言葉が世間で飛び交うようになりました。「想定外」という言葉は、土木に関する専門知識のない一般市民と、土木技術者との間にある、防災に対する認識の違いを表した言葉だといえます。

東日本大震災では、これまで当たり前のように存在していた場所・物・人が、大津波により一瞬にして消し去られ、一般市民、特に被災地の方々にとっては、到底簡単には受け入れられないほどの深刻な状況へと一変しました。そもそも、「想定外」という言葉が世間を賑わせた背景には、「こうした厳しい現実と向き合うことになるとは思いもしなかった」という精神的な側面に加えて、一般市民の、「インフラ構造物が被害を防げなかったことに対する驚き」が大きく影響しています。

一方で、土木技術者は、東日本大震災で発生した大津波のような、「設計外力を超えた外力」の存在を認識しており、そのような大きな外力に対しては、避難等のソフト面での対策を講じることで、震災を乗り越えることを想定しています。

「想定外」という言葉で浮き彫りとなった、一般市民と土木技術者との間にある、災害に対する考え方の違いをすり合わせていくには、「減災」の考え方を共有していくことが重要です。

「減災」という言葉は、阪神淡路大震災の経験から生まれた言葉であり[1]、2000年代になって提起された概念です。それまでに、主に用いられてきた概念は「防災」といいます。一般市民にとっては、「防災」という言葉は馴染みがあるかと思います。ここでは、「減災」の重要性を説明する前に、「防災」と「減災」がそれぞれどのような概念なのか説明します。

図4-1に、「防災」と「減災」の概念のイメージ図を示します。「防災（Disaster prevention）」とは、災害を防ぎ、被害を出さないことを目的とする概念です。東日本大震災を受け、多くの一般市民が、あまりの被害の大きさに驚きを隠

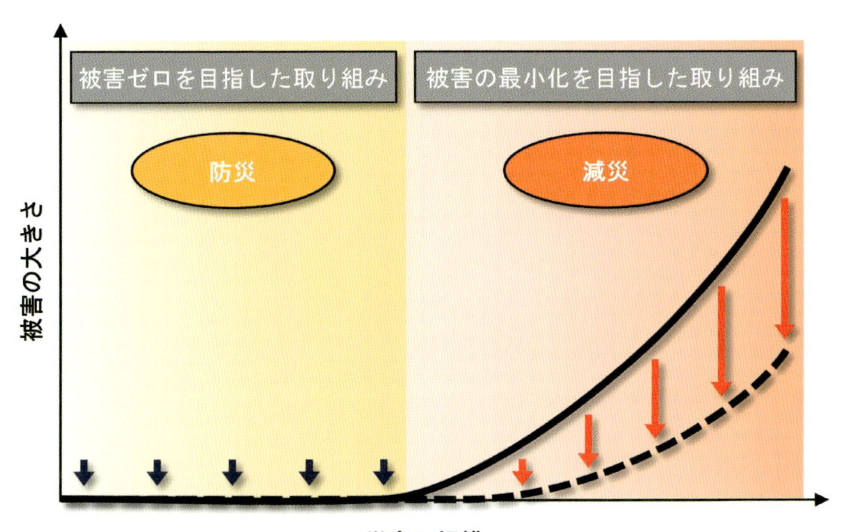

図4-1　防災と減災の概念

せなかったのは、インフラ構造物において、「防災」が完全に達成されているものだという、一種の安全神話にも似た考えがあったからではないでしょうか。

被害を防ぐ「防災」に対して、「減災（Disaster mitigation、Disaster risk reduction）」は、被害を完全に防ぐことができないにしても、被害の程度をできるだけ低減させることを目指す概念です。すなわち、「減災」の概念では、災害によって程度は違えど、被害が生じることを前提としており、その前提の下で、震災前後において予算や資源（モノ・人）を効率的に利用し、さらには避難行動といったソフト的対策と掛け合わせることで、可能な限り被害の程度を抑えることを目的としています。

当然ではありますが、あらゆる災害に対して、常に「防災」の概念のもと、被害をゼロにすることができれば、それが理想といえます。しかしながら、地震や津波、台風といった将来的に発生する作用の強さを確かに予想することはできません。また、非常に大きな災害に耐え得るレベルまで構造物を強くすることは、予算や資源の制約を考えると、非現実的といわざるを得ません。

前章で述べましたように、既存不適格構造物への対応等、多くの課題が山積していることもまた事実です。こうした現実を踏まえると、ある程度の災害に対しては、「防災」の概念に基づいて被害の発生そのものを抑え、それを上回る災害に対しては、「減災」に基づいて被害を許容しつつ、復旧・復興までのシナリオを事前に想定し、人命や財産の損失、経済といった国土へのダメージを最小限にするための取り組みが重要となります。

4-2 知っておくべき2つの指標――リスク・レジリエンス

南海トラフ地震のような、想定される被害が非常に大きい災害に対しては、「減災」の概念が重要になります。「減災」を可能にするには、事前に対策を具体的に考え、実行していくことが求められます。しかし、そのためには、被害推定が一体どの程度になるのかを定量的に把握しておく必要があります。「どうすれば良いのか」を考えるには、「どうなるのか」を知っておくことが必要ということです。

第2章で述べましたように、南海トラフ地震が発生した際の人的被害や建物全壊棟数は既に推定がなされています。しかし、これらの推定結果から、具体的に対策を講じていく際の優先度を決定するには、情報が足りません。例えば、建物Aと建物Bがあった場合、両方とも全壊するとしても、それぞれが全壊することで復旧・復興活動等にどのような影響が生じるのか把握できないためです。

また、これらの推定は、最悪の条件下で行われており、推定結果と同等の被害量となる確率は極めて低いといえます。一方で、地方公共団体では、いち早く対策を進めていかなければなりませんが、予算や労働力に余裕がないのが現状です。そのため、最悪のケースを考慮しつつも、より現実的に発生しやすいと考えられる被害を推定する必要があります。

効率的、かつ、迅速に対応を進めていくためには、ただ構造物が壊れるかどうかを推定するのではなく、構造物が壊れることで、社会的にどのような影響が出るのかまで議論しなければなりません。また、その際は、最悪のケースだけでなく、起こり得る現象の可能性（頻度）を評価することで、現実的に

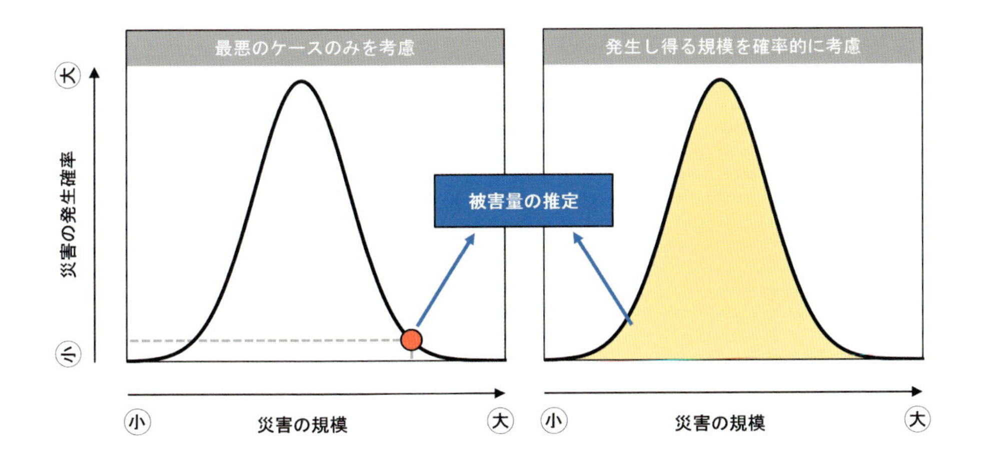

(a) 検討会の推定手法　　(b) 確率論に基づいた推定手法

図4-2　検討会の推定方法と確率論に基づいた推定手法の比較

想定される被害を定量的、あるいは定性的に推定する必要があります。図4-2に、先述した最悪のケースのみを考慮した被害推定手法と、発生し得る災害の規模を確率的に考慮する被害推定手法のイメージを示します。

構造物が損傷することで生じる影響を定量的に表す指標として、「リスク」と「レジリエンス」があります。これら2つの指標は、南海トラフ地震を乗り越えるためのキーワードと考えます。

1　リスク(Risk)

まず「リスク」について説明します。「リスク」という言葉は、多くの人が耳にしたことのある言葉かと思います。しかし、「リスク」という言葉は、使い方次第で意味が異なるため、防災分野での「リスク」が何を意味するのかを明確にしておく必要があります。

例えば、近年急速に認知度を上げてきた仮想通貨を例にすると、「仮想通貨はリスクが高い」といったことをよく耳にします。このときの「リスク」は、投資に対するリターンの振れ幅が大きい(かなり稼げることもあれば、逆に大損失を出してしまう可能性もある)といった、最終的な結果のばらつき(分散)を意味し

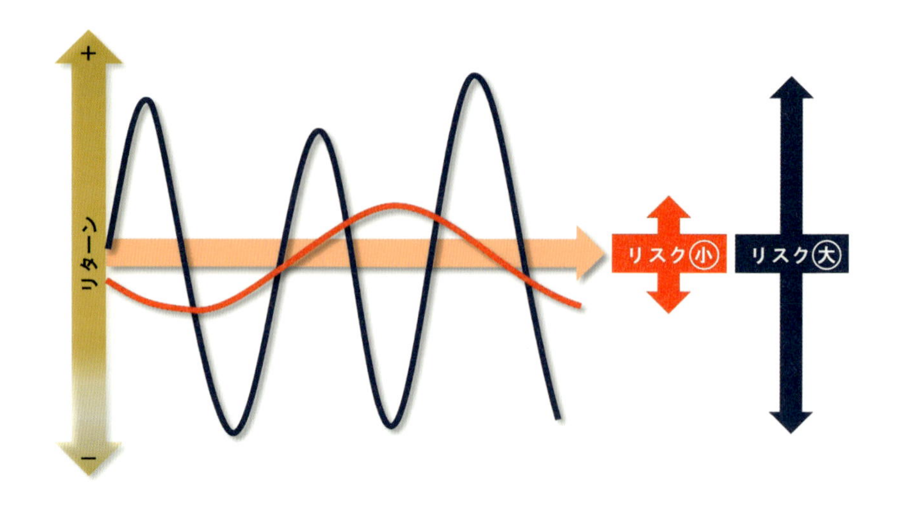

図4-3　ばらつき（分散）を表すリスクの概念

ています（図4-3参照）。

一方で、防災分野における「リスク」は、一般的に期待値を意味することが多く、以下の式で定量化されます。

「リスク（Risk）」＝「災害の発生確率（Probability）」×「災害による結果（Consequence）」

例えば、南海トラフ地震による経済的損失を知りたい場合は、結果（Consequence）を損失コストとして計算することで、期待される経済的損失を確率的に定量化することができます。

この評価式の良い点は、単純に得られる値から、リスクの大小を相対的に比較できる点にあります。例えば、南海トラフ地震が起きた場合、A市とB市ではどちらの被害額が確率的に大きくなるかを比べることが可能であり、その結果に応じて、補強といった事前対策に優先度を設けることができるようになります。

既存不適格構造物といった、補強の必要性が高い構造物に対して、限られた予算の中で対策を進めていくには、「リスク」といった定量的な指標は非常に有効だといえます。

2 レジリエンス(Resilience)

「レジリエンス」は、災害後の「機能性」や「回復性」を表す指標であり、非常に広義な言葉です。多くの一般市民にとっては、「リスク」と比べると、「レジリエンス」はあまり馴染みのない言葉かもしれません。しかし、防災・減災を考える上で、レジリエンスは非常に重要とされ、近年では国内外問わず活発に議論されています。

レジリエンスについて、ここでは橋梁を例に説明します。橋梁は交通ネットワークを構成する重要な構造物の一つであり、災害後の人命救助や物資の輸送、さらには復旧・復興活動に重要な役割を果たします。そのため、橋梁には地震時の安全性を確保するだけでなく、地震後も機能を損なわない、あるいは損傷しても速やかに使用可能な状態に戻すことができる性能が求められます。このような一連の性能を総称して「レジリエンス」と呼びます。「レジリエンス(Resilience)」は図4-4に示す4つの“R”で表現されることがあります[2)]。

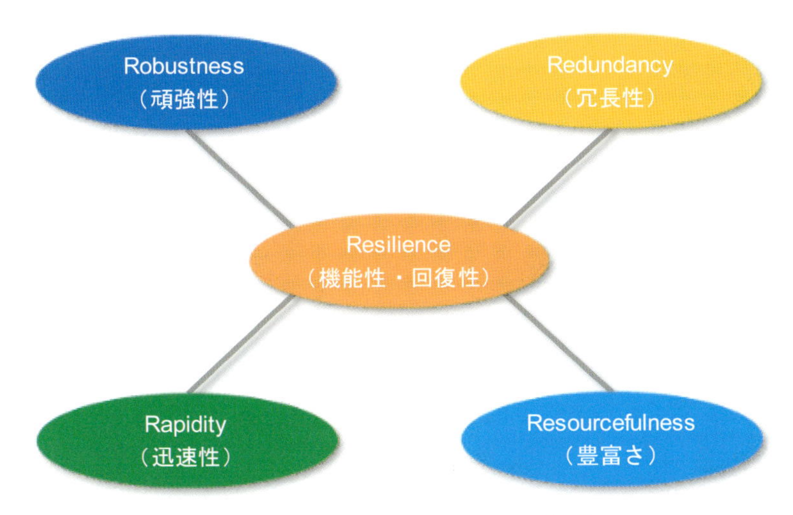

図4-4 レジリエンスと4つのRの関係[2)]

- 「頑強性(Robustness)」
- 「冗長性(Redundancy)」
- 「迅速性(Rapidity)」
- 「豊富さ(Resourcefulness)」

「頑強性」とは、抵抗力のことであり、構造物やシステム系が、設計上規定されている外力を上回る外力を受けた場合にも耐えるという性能を表すものです（図4-5参照）。「冗長性」は、フェールセーフの意味に近く、システムを部分的でなく全体として見た際に、どれほど粘り強く機能を維持できるのかを表す性能です。図4-6は、吊り橋を例に考えられる冗長性の大小を表しています。ケーブルで橋を吊る際に、一本の太いケーブルで吊る場合と、三本の細いケーブルで吊る場合を比較してみると、合計の耐力が同じでも、それぞれの橋の壊れ方は異なると考えられます。ケーブルが一本のみの場合は、それが切断した途端に落橋してしまいますが、三本の場合は一本が切断した後、残りのケーブルが踏ん張るため、一本ケーブルに比べて粘りのある壊れ方となり、橋が全壊しない可能性が高くなります。このように、システム全体で考えた際に、一部の機能が停止した場合に、残りの部分で補い、全機能が停止することのない性能を「冗長性」といいます。

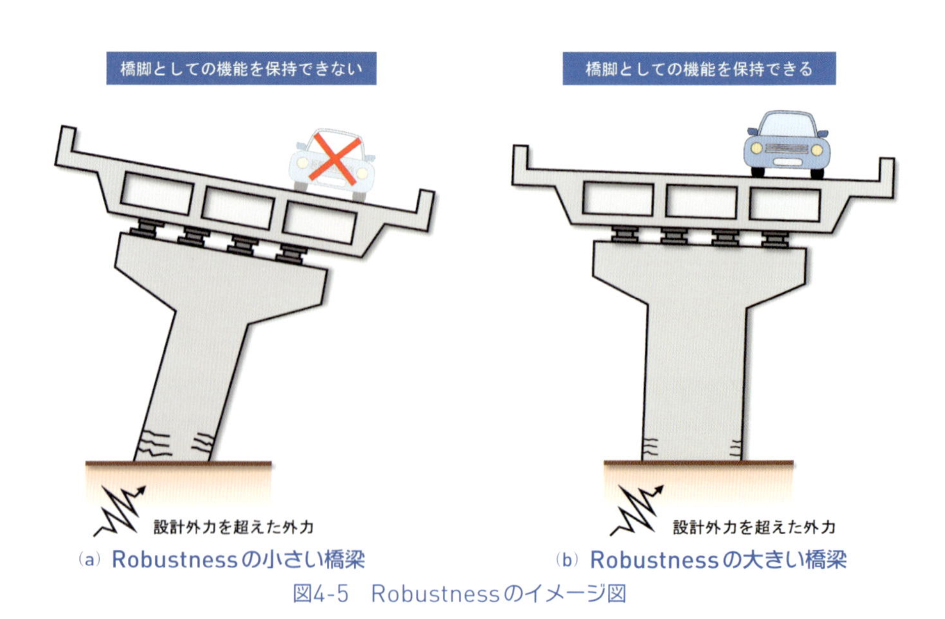

(a) Robustnessの小さい橋梁　(b) Robustnessの大きい橋梁

図4-5　Robustnessのイメージ図

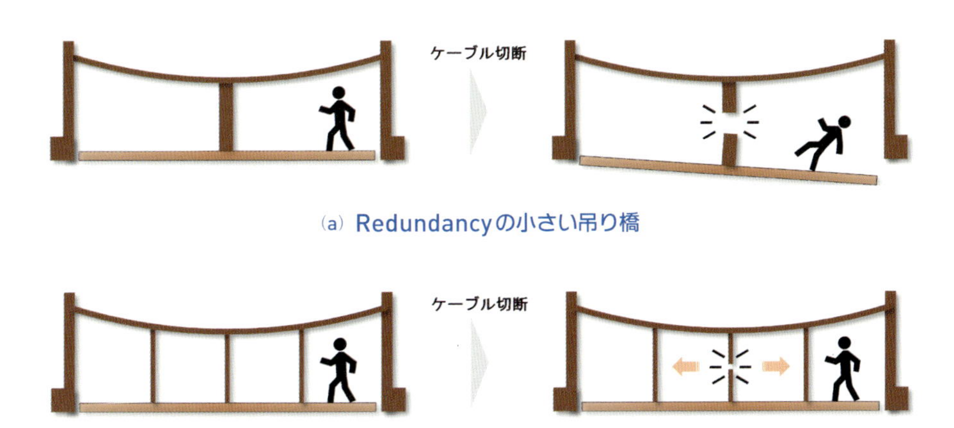

（a）Redundancyの小さい吊り橋

（b）Redundancyの大きい吊り橋

図4-6　Redundancyのイメージ図

次に、「迅速性」は、機能を失った際にどれだけ早く回復できるかを表す性能です。「豊富さ」に関しては、災害後に必要となる資金や資材の量を意味する言葉であり、資金や資材を使用するための労働力や知識・技能といったものも含みます。これら4つの"R"が歯車として上手く噛み合っていることではじめて、早期復旧や復興活動を行うことができるのです。

また、レジリエンスは、横軸を復旧に要する時間、縦軸を機能性とした2次元グラフで表現することが可能であるといわれています（図4-7参照）。

インフラ管理にとって重要な指標を考え、提示することは、土木技術者の使命の一つです。また、その指標は、土木技術者のみならず、インフラ構造物を利用する一般市民が、その意味を理解できるものでなければなりません。たとえ、非常に優れた評価指標であっても、その重要性が認識されなければ、その指標に基づいた対策が進められない可能性が懸念されるためです。そのため、広義な意味を持つ「レジリエンス」を考えるとき、その重要性に加えて、「いかに分かりやすく定量化できるか」という視点も求められるのです。その点、図4-7のように、視覚的にもその大小を判定できる評価手法は、インフラ管理の面で非常に優れたものだと思われます。

現行の耐震設計では、橋脚の基部がじわじわと変形することで地震エネル

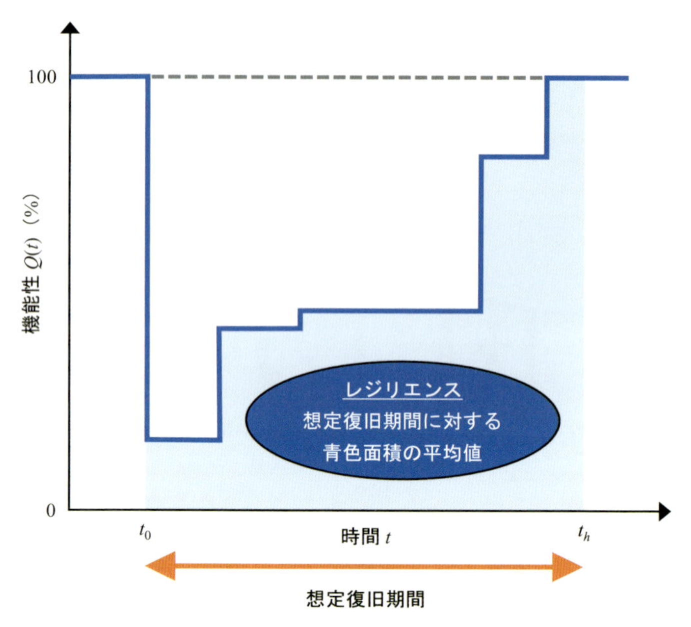

図4-7　レジリエンスの定量化手法[3)]

ギーの吸収を図っています。この設計手法は、鉄筋コンクリートの材料特性の観点から、非常に合理的だといえます。しかし、レベル2地震動クラスの地震力が作用すると、場合によっては橋梁には交通ネットワークとしての機能を維持できないほどの変形が残ってしまう可能性があります。そこで、例えば、免震支承を導入することで、橋脚に作用する地震時慣性力を減少させ、地震後に残留変位が残らないようにする取り組みは、橋梁のレジリエンスを高める取り組みの一例といえます。また、落橋防止装置を橋梁に取り付けることで、地震後に壊れずに通行中の車両や歩行者の安全を確保することもレジリエンスを向上させる手段の一つと考えられます。

構造物単体のレジリエンスの向上を図ることも極めて重要ですが、災害の発生から復興活動といった災害のシナリオ全体を考慮するためには、道路ネットワークといったエリア全体を俯瞰的に捉えたレジリエンス評価を行い、対策を講じることも求められます。

過去の大災害を振り返ってみると、例えば2011年東日本大震災では、橋梁や盛土といった道路構造物が強震動と津波の作用を併せて受けることで損傷し、約2,300kmに及ぶ道路ネットワークで通行規制の措置が余儀なくされました[4)]。また、地震後の被害調査では、耐震補強が施されていたにも関わらず、津波によって損傷し、道路ネットワークの機能低下の原因となった構造物も幾つか確認されました。道路ネットワークの主幹である、国道45号線を構成する歌津大橋では、コンクリート巻立てによる耐震補強が施されていたにも関わらず、津波によって上部工が流出し、交通網が寸断されたことで復旧・復興活動に大きく支障をきたす結果となりました。こうした事例は、構造物単体で考える災害対策に加えて、道路ネットワーク全体を対象とする「レジリエンス」の考慮の重要性を表しているといえます。

近年、「リスクマネジメント」という言葉は広く普及しています。これは、「リスク」の概念が浸透し、その必要性が多くの市民に理解されたためだと思われます。地震工学の分野においても、「地震リスクマネジメント」という言葉が存在し、防災・減災を進める上で欠かせないものになっています。この背景には、過去の震災を踏まえて、被害を完全にゼロにするのではなく、可能な限り減らすという「減災」の考え方への移行が着実に進んでいることが伺えます。

南海トラフ地震の発生が懸念されている日本において、「リスク」に加えて、「レジリエンス」を考慮した防災・減災対策が求められています。一方で、「リスク」に対しては「リスクマネジメント」というリスク管理手法を表す言葉が存在しますが、「レジリエンス」に関しては、それに対応する言葉がありません。現在、国内外の多くの学協会においてレジリエンスの重要性が認められ、その評価手法に関する研究が盛んに行われており、積極的にレジリエンスの概念を構造設計に取り入れようという動きが見られます。そうした中、ただ指標としてレジリエンスを提示するのではなく、レジリエンスを基に、具体的な対策を講じていくための管理手法として、「レジリエンスマネジメント」といった思想の構築が急がれています。

4-3 復興まで考える——サステナビリティ

「リスク」や「レジリエンス」は、震災後にその被災地域がどうなるのかを表すものとして非常に有効な指標です。そのため、構造物の補強といった、対策優先度の同定など、事前対策を進めていくためには欠かすことのできない概念だといえます。

しかし、南海トラフ地震のように、国土に未曽有のダメージを与えることが予想されている大災害に対しては、被災後の状況を推定するだけでなく、その状況をいかに乗り越えていくか、すなわち、機能を持続していくかを考える必要があります。

そこで重要となるのが、「サステナビリティ(持続可能性)」の概念です。「サステナビリティ」に関しても、レジリエンスと同様に、国内外で議論が交わされており、インフラ構造物の維持管理においても、サステナビリティの概念を取り入れることが重要だといわれています。

「サステナビリティ(Sustainability)」は一般的に、図4-8に示す3つの側面を有しています[5)]。

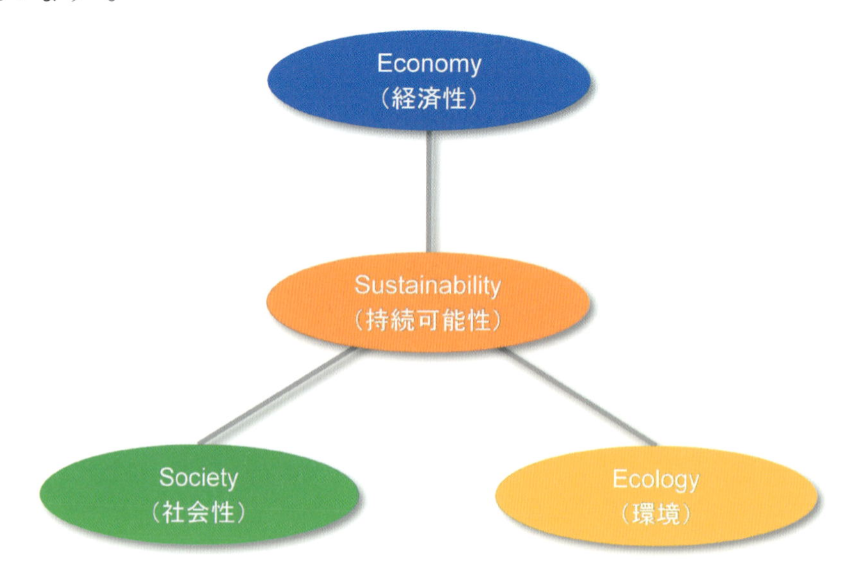

図4-8 Sustainabilityを構成する3つの要素[5)]

・「経済性（Economy）」
・「社会性（Society）」
・「環境（Ecology）」

これら3つの項目に対して、震災後、速やかに回復させるための対策を、事前に講じていなければなりません。特に、南海トラフ地震で被害が予想される地域では、東日本大震災でも見られたように、道路などの交通網が完全に寸断されてしまうことで、復旧活動に必要とされる最低限の物資すら運搬できない状況に陥ることが考えられます。こうなったとき、「つくれるものはつくっておく」といったようなハード面での事前対策をいかに進められるかが早期復旧の鍵となります。復興までを考慮した事前対策を講じる必要性を議論するためには、「サステナビリティ」の評価方法や、評価結果の活用方法を確立していく必要があると思われます。

参考文献・引用文献

1) 河田惠昭：自然災害の新しい脅威と災害対応の課題，減災，Vol.3, pp.14-20, 2008
2) MCEER: Engineering Resilience Solutions, The University at Buffalo, The Staye University of New York, 2008
3) Bocchini, P. and Frangopol, D. M. : Restoration of bridge networks after an earthquake: Multicriteria intervention optimization, Earthquake Spectra, Vol.28, No.2, pp.427-455, 2012
4) 能島暢呂，加藤宏紀：自動車交通量にみる高速道路機能の時空間的分析―東日本大震災と阪神・淡路大震災の事例比較―，土木学会論文集A1（構造・地震工学），Vol.69, No.4（地震工学論文集第32巻），I_121-I_133, 2013
5) Bocchini, P., Frangopol, D. M., Ummenhofer, T. and Zinke, T.: Resilience and Sustainability of Civil Infrastructure: Toword a Unified Approach, Journal of Infrastructure Systems, Vol. 20, No.2, pp.1-16, 2014

5章

南海トラフ地震を想定した解析シミュレーション

5-1 背景と目的

1 確率論的アプローチ――モンテカルロ・シミュレーション

検討会[1)]が行っている南海トラフ地震の被害推定では、発生確率は極めて低いものの、発生した場合は甚大な被害をもたらす、過去に類を見ない最大級の地震を想定しています。「備えあれば憂いなし」の考えのもと、最悪のシナリオを想定した被害推定を提示することで、地方自治体や国民一人ひとりに対して警鐘を鳴らし、対策の必要性を強く主張しています。

最悪のケースを想定した推定結果では、被害量は激甚となり、国土はまさに「国難」ともいえる、非常に厳しい状況に陥ることが懸念されています。そのため、南海トラフ地震に対して、最悪のシナリオを固定化することは、場合によっては負の効果をもたらす恐れがあると思われます。例えば、対策を急がなければならない地方自治体では、手の施しようのない程の被害推定量を目の前にし、「何をしても意味がない」という考えが芽生えてしまう可能性も否定できません。

本章で紹介する解析シミュレーションは、南海トラフ地震を想定し、最悪の地震シナリオに固定化するのではなく、確率論的アプローチによって、「確率的に発生すると考えられる被害」の評価を行います。具体的には、モンテカルロ・シミュレーションに基づいた解析を行います。

ここで、サイコロを例にモンテカルロ・シミュレーションについて説明します。一般的なサイコロでは、どの面が出る確率も概ね等しく、1/6だと考えられます。そのため、サイコロを100回投げた場合でも、それぞれの面が出る確率は1/6に近い値になると予想できます。では、もしサイコロが正六面体ではなく、いびつな形をしていた場合はどうなるでしょうか？　この場合、サイコロを100回、1,000回、10,000回と投げる回数を増やせば増やすほど、各面が出る確率は一定値に収束していくと考えられます。このように、何度も繰り返し行い、統計的に得られる解（確率）を算出していく手法を、モンテカルロ・シミュレーションといいます。

ここに示す、南海トラフ地震に対する解析シミュレーションでは、断層パラメータや構造物の耐力など、不確定性を有する様々なパラメータの確率分布を求め、繰り返し解析を行うことで、平均的な被害程度、あるいは、各被害の大きさが生じる可能性を推定できます。

2　強震動と津波による連続作用

構造物の被害推定を行う場合、強震動発生後、津波が襲来するまでの時間は極めて短いことを考えると、強震動によってもたらされる構造物の損傷状態を考慮し、津波による構造解析を実施する必要があるといえます。

現在、多くの地方自治体が実施している南海トラフ地震対策では、強震動に対しては耐震化を進めることで安全性を確保し、津波に対しては避難計画などのソフト面での対策を重要視しているように思われます。しかしながら、インフラ構造物の防災・減災対策の観点からみると、強震動・津波ともに、構造物にとって脅威となるハザードであることは間違いありません。これは、2011年東北地方太平洋沖地震から得られた教訓の一つです。津波に対しても、強震動と併せて連続的に構造解析を行い、被害推定を実施することが重要であると考えられます。

3　補強優先度の同定手法

南海トラフ地震に備えるためには、構造物の補強は必要なハード対策の一つといえます。一般的な個人住宅の耐震化については、住人の判断に委ねられるものの、インフラ構造物に関しては、管理者が責任を持って補強対策を進めていかなくてはなりません。一方で、補強を行うために必要な予算や時間、労働力には制約があります。さらに、日本では今後、人口減少やそれに伴う労働力不足が懸念されており、状況はより厳しくなると考えられます。そのため、南海トラフ地震が発生するまでに、全ての補強対策を完了できるとはいい切れません。

限られた制約条件の中で効率的に対策を進めていくためには、インフラ管理を行う上で重要となる指標を定量化し、その指標の大小に従うことで補強優先度の同定を行うことのできる、一連の評価手法を構築する必要があります。一般的な方法として、既存不適格構造物や、老朽化が進行している構造物など、壊れやすいと推定される構造物から順に補強していく方法があります。弱点となる構造物から補強を施すことは、合理的であるといえます。

しかし、南海トラフ地震に対して、その発生から復旧・復興までのシナリオ全体を通して考えた場合、構造物の壊れやすさに加えて、構造物が壊れることで、経済や社会に生じる影響までを考慮した補強優先度の同定が必要となります。例えば、老朽化が甚だしく、耐震設計上、非常に弱いと推定される道路橋があったとしても、すぐ近くに迂回路があり、地震後も迂回路が確保できる状態にあることが予想される場合、老朽化の進んだ道路橋の補強による便益は小さいと考えられます。すなわち、構造物の中には、損傷、あるいは壊れることが比較的に許容されるものもあれば、地震後の救助・救援活動や復旧・復興活動などの観点から、供用性が失われることを避けるべきものもあり、その判断を可能とする指標を定量的に評価できる手法が求められるのです。

ここでは、リスク評価を行い、構造物が損傷することによる経済的損失を評価します。さらに、社会的影響として、構造物を道路ネットワークを構成する要素の一つとして捉え、各道路の機能性と回復性を、レジリエンスにより評価します。リスク・レジリエンス評価を行うことで、構造物の損傷が道路ネットワークに及ぼす影響を定量化し、各構造物に対して補強優先度を設定することが可能になります。

5-2 解析シミュレーションの概要

本章で紹介する解析シミュレーションは、南海トラフ地震の発生を前提とした場合における、断層運動の想定から、ハザード評価（発生する強震動と津波の強度）、構造解析、そして確率計算といった、地震の発生から構造物が損傷するまでのシナリオを一貫して行うことで、各評価に存在する不確実性を包含した解析フローとなっています。また、そこから得られる損傷確率（南海トラフ地震に対して、各解析対象構造物が損傷する確率）を用いて、リスク・レジリエンス評価を行うことで、解析対象都市における道路ネットワーク全体の性能評価が可能となり、道路ネットワークを構成する構造物の対策優先度を決定することが可能となります。図5-1に、解析シミュレーションの概要を示します。

本項では、解析フローの各フェーズについて、説明します。

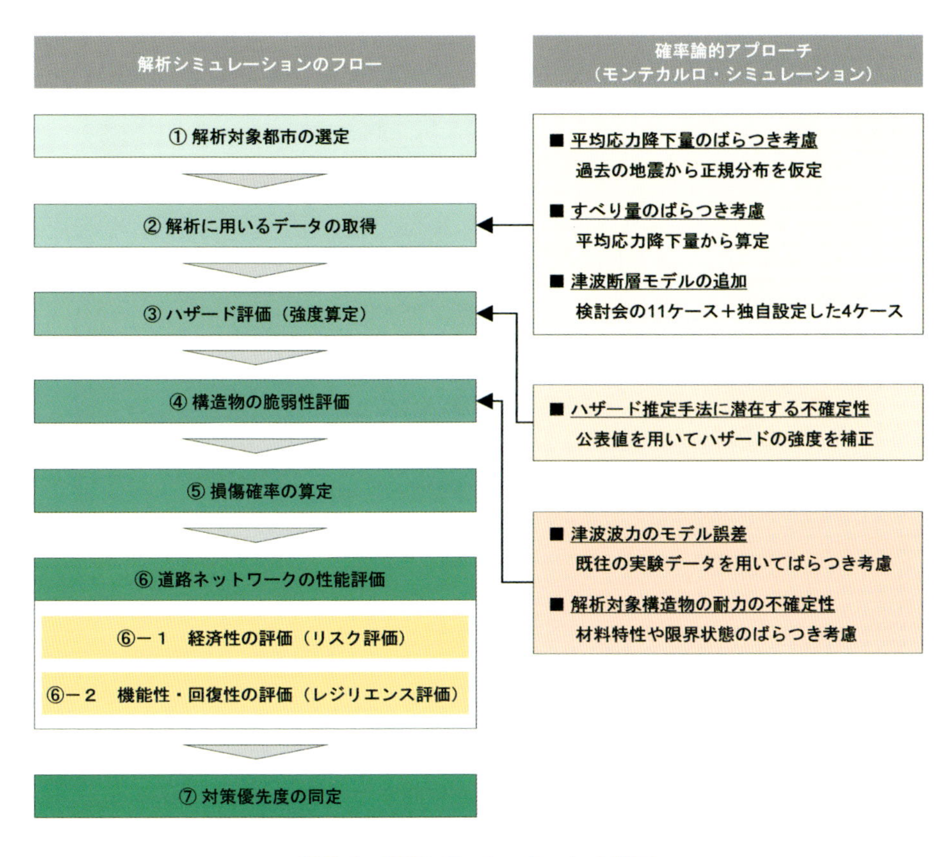

図5-1　解析シミュレーションの概要

1　解析対象都市の選定

本解析シミュレーションでは、三重県尾鷲市および高知県黒潮町を解析対象都市に選定します。これら解析対象都市の位置関係を図5-2に示します。検討会の推定結果によると、両都市で想定される最大震度は震度7であり、最大津波高については、三重県尾鷲市では24.5 m、高知県黒潮町では34.4 mとなっています。極めて強い揺れと大津波の襲来が懸念される両都市を対象に、確率論的アプローチによる被害推定を行い、対策優先度判定を実施します。

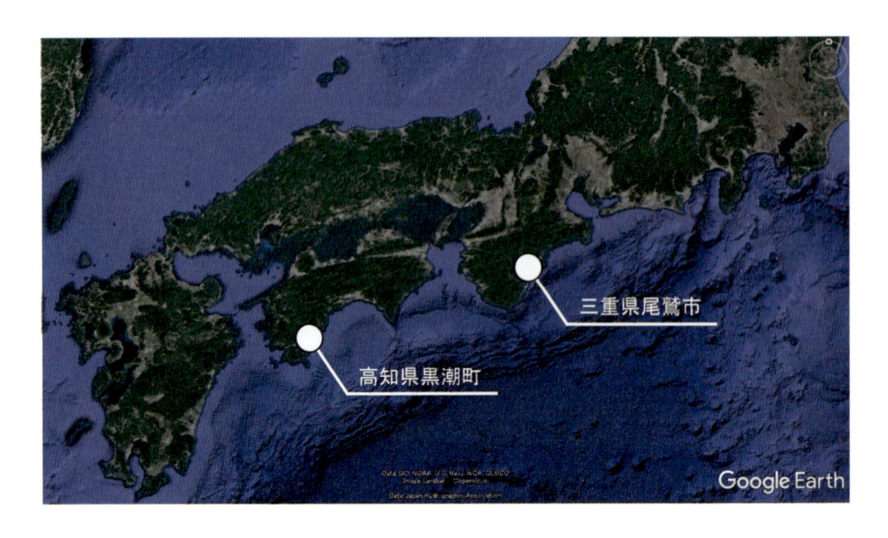

図5-2　解析対象都市の位置

図5-3に、本解析シミュレーションで想定する、各都市の道路ネットワーク図を示します。ここでは、2つの地点間を結ぶ道路をリンク（Link）と呼びます。道路ネットワークは、様々な構造物が連なることで構成されており、一つの構造物が損傷することにより、リンク全体が機能を失う（通行止めとなる）可能性があります。そのため、構造物単体ではなく、道路ネットワーク全体を俯瞰的に捉えることが、被害推定を行う上で重要となります。

なお、ここで想定する両都市の道路ネットワークおよび構造物は、仮想のものです。すなわち、強震動や津波高さの推定は、断層と尾鷲市や黒潮町の距離、地形情報などを入力して求めていますが、それに対する構造物の破壊可能性やネットワークの機能損失の議論は、仮想の構造物とネットワークに対するものであることに注意していただきたい。本章で計算例を提示する意図は、南海トラフ地震による強震動や津波の予測に伴う不確かさを考慮しながら、構造物の破壊やネットワークの機能損失の可能性をリスクやレジリエンスの視点を持って評価する手順を示すことにあります。

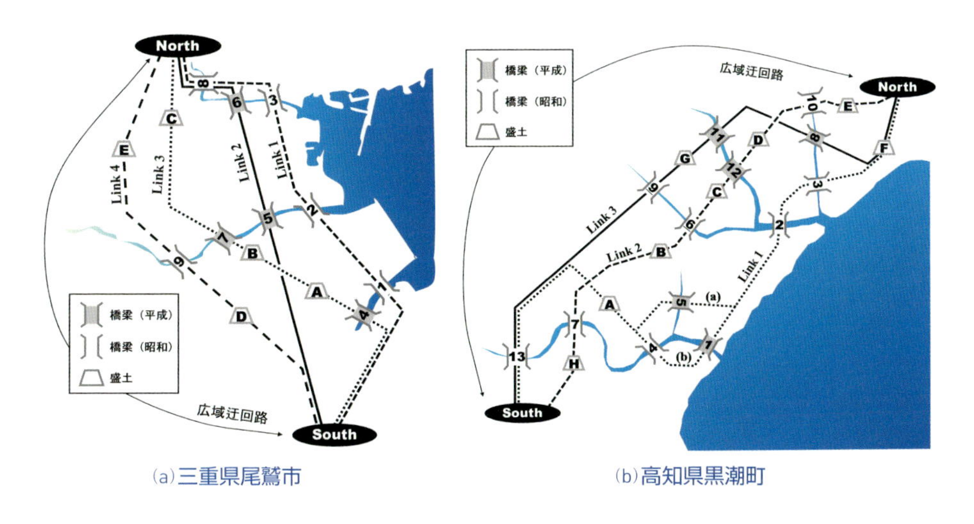

(a)三重県尾鷲市

(b)高知県黒潮町

図5-3　解析対象都市の道路ネットワーク図

2　解析に用いるデータの取得

図5-4に、三重県尾鷲市と高知県黒潮町における、地形データと粗度データを示します。これらは、津波解析の際に必要となるデータです。地形データは標高を表すデータであり、粗度データは水の流れに対する抵抗値を表すパラメータとなっています。この値が大きいほど水への抵抗が大きいことを意味しており、例えば、海域では障害となる構造物等がないため値は小さく、反対に陸域の家屋等が密集する地域では大きい値となります。これらのパラメータは、津波の伝播解析の結果に大きく影響する重要なパラメータです。

解析シミュレーションでは、南海トラフ地震の発生を前提に、この地震により生じる可能性のある強震動と津波高さの強度と頻度の関係を用います。図5-5に、本解析シミュレーションで設定した、平均応力降下量の確率分布を示します。例えば、検討会が行っている震度分布推定では、平均応力降下量を4 MPaに固定しています。この値は、過去の地震に比べて非常に大きく、最悪のケースを想定している根拠の一つともいえます。一方、本解析では、図5-5に示すように、平均応力降下量は1～5 MPaの範囲で発生することを想定し[2]、その範囲の大きさとなる確率を考慮できる手法を採用しています。また、津波解析に大きく影響を及ぼすパラメータであるすべり量に関しても、平均応力降下量から算出されるため、平均応力降下量のばらつきを考慮することにより、その不確定性を包含した解析が可能になります。

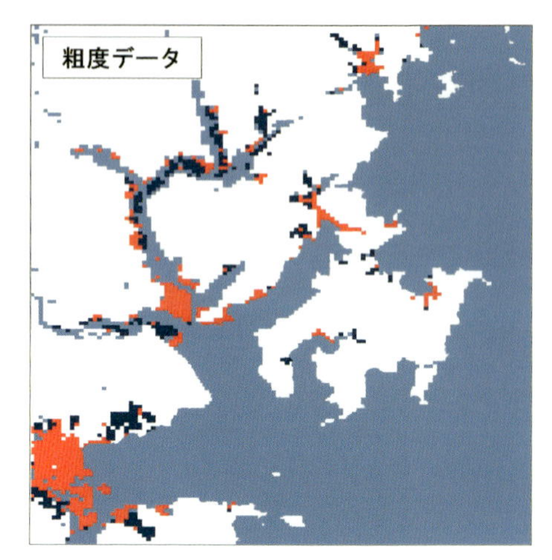

(a)三重県尾鷲市

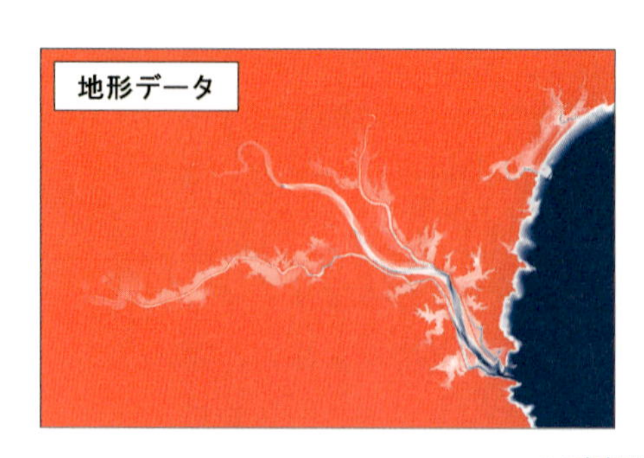

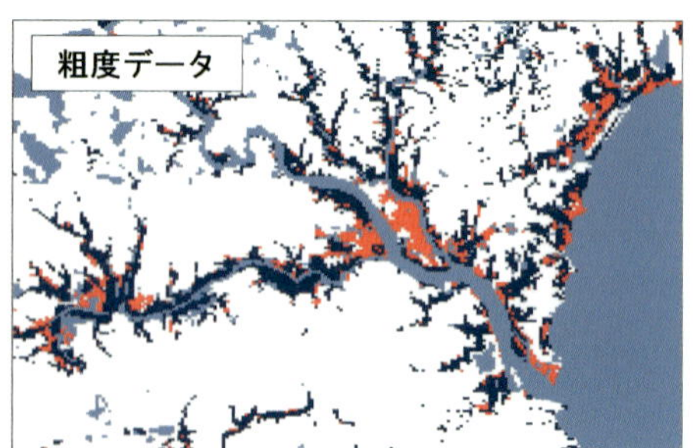

(b)高知県黒潮町

図5-4　津波解析に用いる地形データ・粗度データ(ともに10mメッシュ)

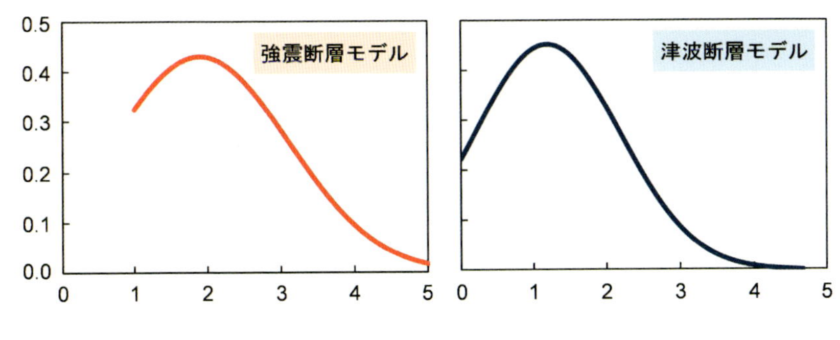

図5-5　平均応力降下量の確率分布[2)]

検討会が設定した津波断層モデルは計11ケースでしたが、それに加えて、さらに4ケースを独自に設定しました（表5-1、図5-6参照）。これは、津波をもたらす断層運動の発生地域を正確に予測することは非常に困難であり、考えられる可能性を可能な限り網羅的に考慮するためです。

表5-1　解析シミュレーションで考慮した津波断層モデル

ケース	大すべり域の場所	設定
ケース1	駿河湾～紀伊半島沖	検討会により設定（図1-11参照）
ケース2	紀伊半島沖	
ケース3	紀伊半島沖～四国沖	
ケース4	四国沖	
ケース5	四国沖～九州沖	
ケース6	駿河湾～紀伊半島沖	
ケース7	紀伊半島沖	
ケース8	駿河湾～愛知県東部沖および三重県南部沖～徳島県沖	
ケース9	愛知県沖～三重県沖，室戸岬沖	
ケース10	三重県南部沖～徳島県沖，足摺岬沖	
ケース11	室戸岬沖，日向灘	
ケース12	ケース1・ケース2間	独自設定（図5-2参照）
ケース13	ケース2・ケース3間	
ケース14	ケース3・ケース4間	
ケース15	ケース4・ケース5間	

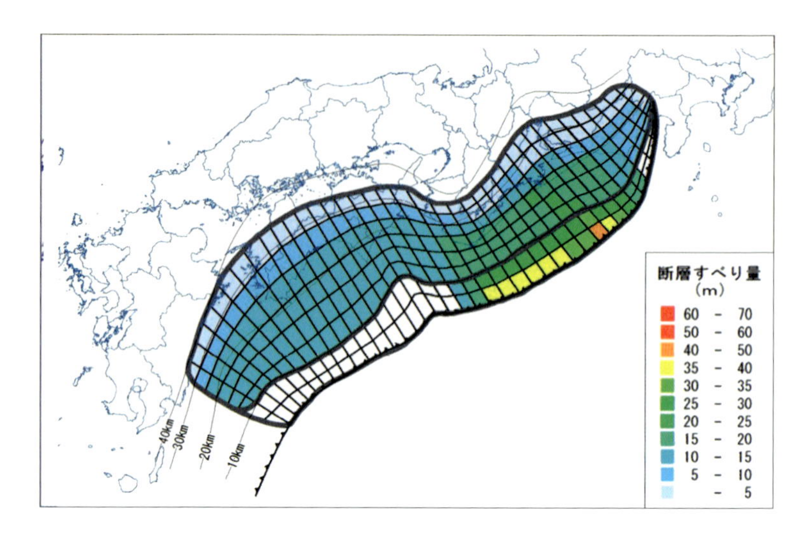

(a)ケース12

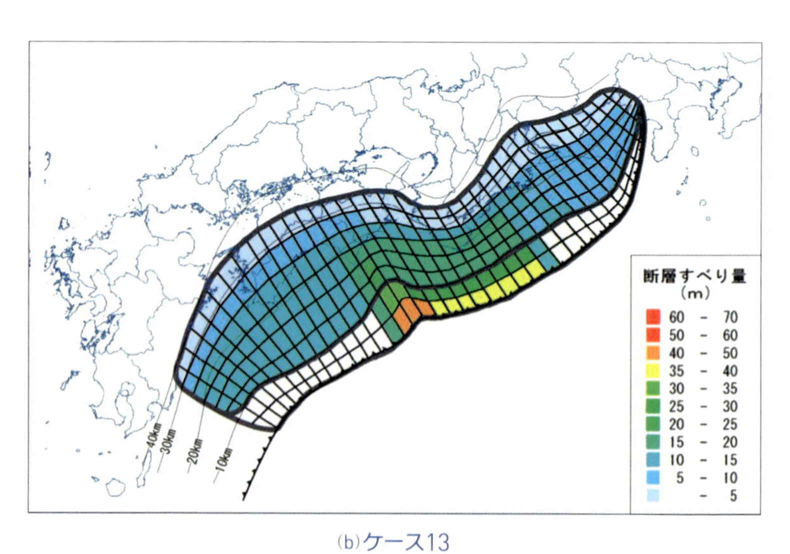

(b)ケース13

図5-6　独自設定した津波断層モデル

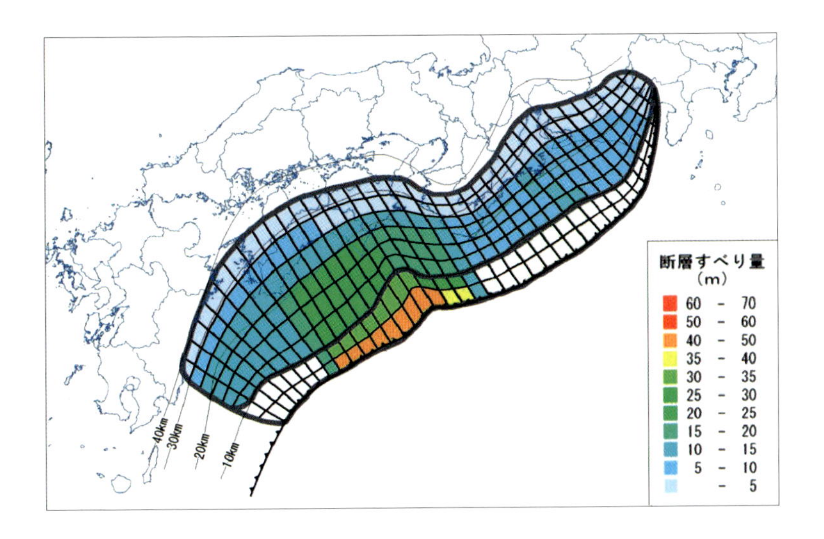

(c)ケース14

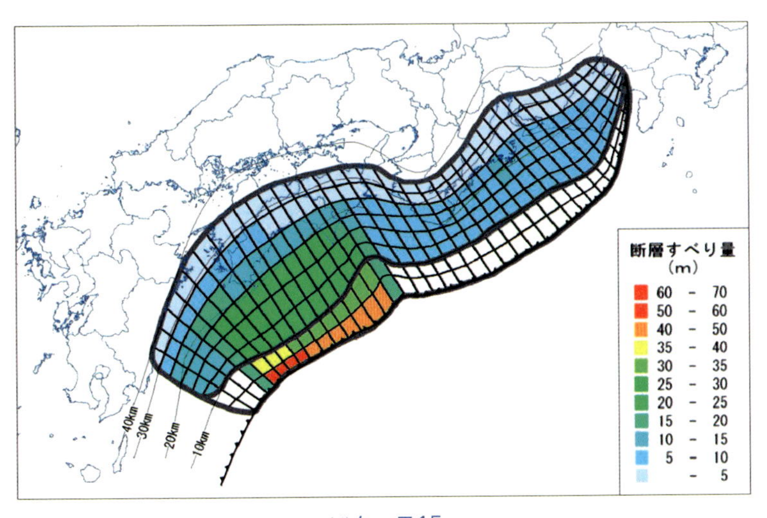

(d)ケース15

図5-6(続き)

検討会の被害推定では、計11ケースの津波断層モデルに対して津波解析を実施し、各ケースの被害推定結果を比較することで最悪のケースを想定しています。例えば、高知県黒潮町では、ケース4（大すべり域が四国沖となるケース）を想定した場合に最大津波高34.4 mになると推定されていますが、ケース8（大すべり域が駿河湾～愛知県東部沖および三重県南部沖～徳島県沖となるケース）の場合では、最大津波高は17.5 mになると推定されています。ここに示す解析シミュレーションでは、計15ケースでの津波解析結果をただ比較するのではなく、これらの結果を統計的に扱うことで確率分布を作成し、各地域で推定される津波ハザードを推定します。これにより、断層運動の発生位置という不確定性を考慮することが可能となり、発生シナリオを固定化することなく、より確率論に基づいた被害推定を行えるようになります。

3　ハザード評価（強度算定）

検討会が公表している、南海トラフ地震発生時の震度分布は、強震波形計算によって求められた地表の震度と、経験的手法によって求められた地表の震度とを比較検討し、大きい値となる方を推定される震度として採用しています。両者の計算手法には一長一短があり、2つの手法から得られる値を比較することで、断層の状態や地震波の伝播経路、地盤条件の持つ特徴等を包括的に考慮することができると考えられます。

本解析シミュレーションでは、地震動強度としてPGA（地動最大加速度）に着目し、平均応力降下量の不確定性を考慮した経験的手法から算出しています。そのため、本解析で得られる地震動強度には、経験的手法では表現できていない部分が含まれている可能性が残されています。そこで、図5-7に示す手法により、検討会が公表している推定結果を用いた補正を行っています。

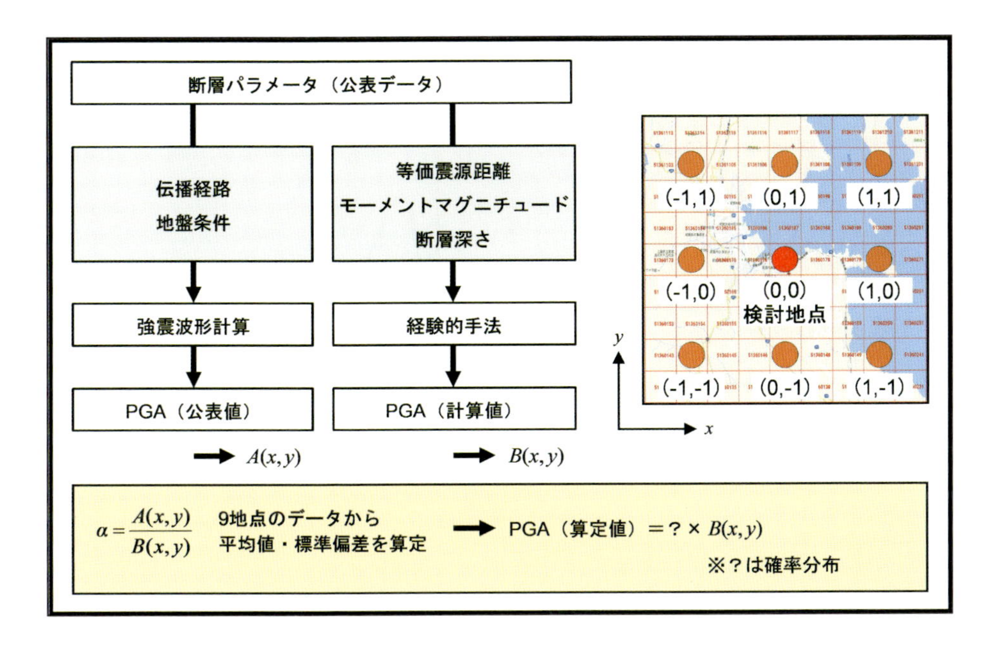

図5-7　地震動強度の補正フロー

ここで紹介する解析シミュレーションでは、強震動生成域として、検討会が被害推定に用いている、「基本ケース」（東海地震、東南海・南海地震の検討結果を参考に設定したもの）および「陸側ケース」（基本ケースのアスペリティ位置を、可能性がある範囲で最も陸域側（プレート境界面の深い側）の場所に設定したもの）を採用しています。図5-8に、各ケースにおいて最終的に得られる、尾鷲市および黒潮町の地動最大加速度の確率分布を示します。この図より、想定する強震動生成域で、最大加速度の確率分布が異なることが確認できます。また、三重県尾鷲市に比べて、高知県黒潮町では地動最大加速度が大きくなる傾向があることが分かります。

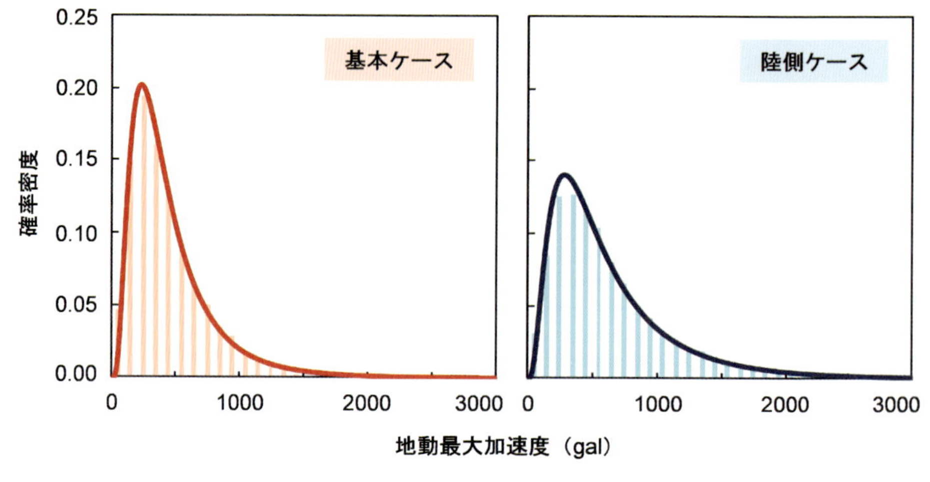

(a)三重県尾鷲市

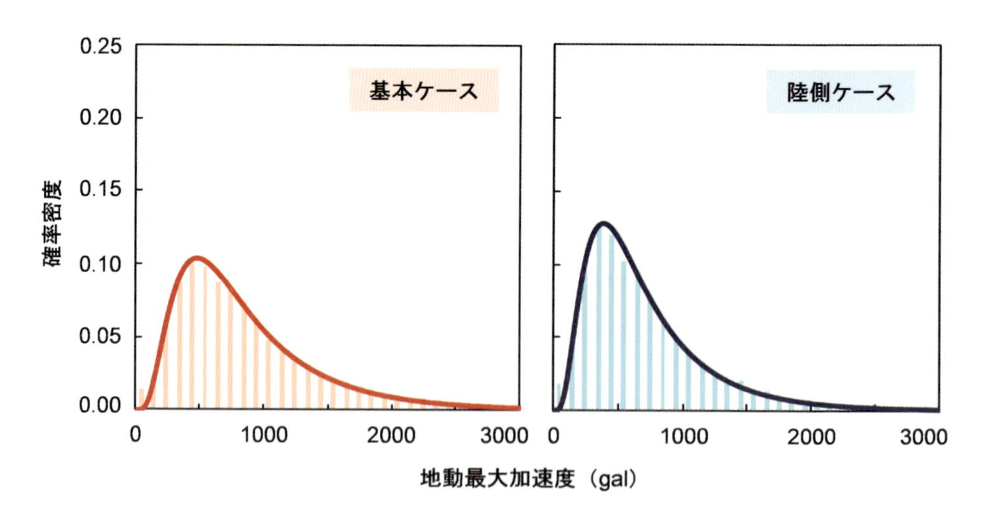

(b)高知県黒潮町

図5-8　地動最大加速度の確率分布

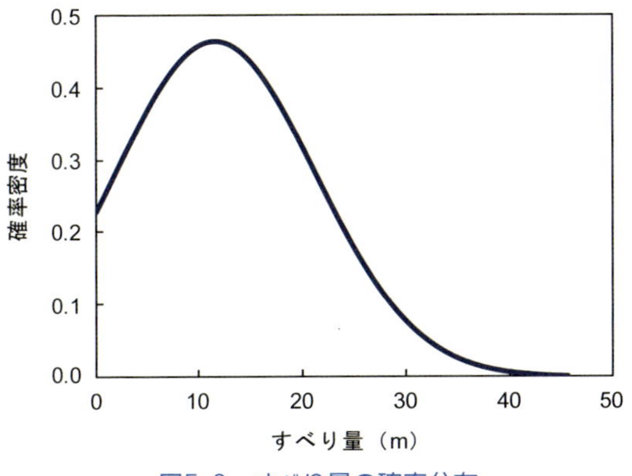

図5-9　すべり量の確率分布

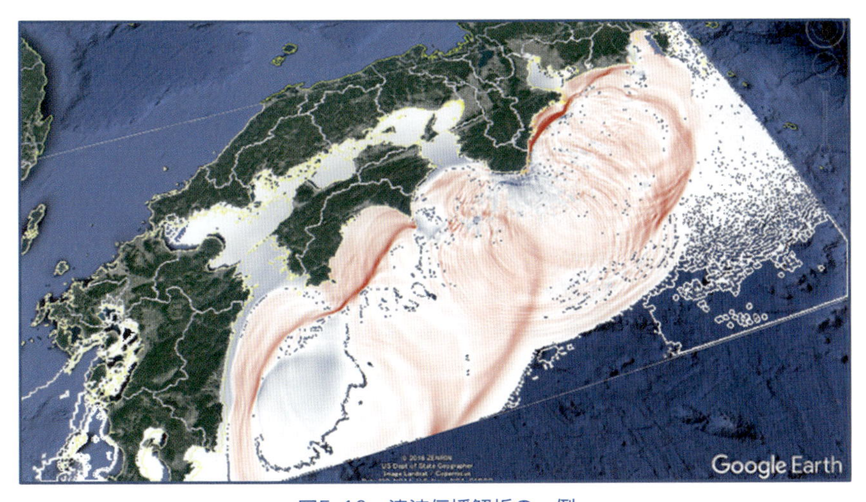

図5-10　津波伝播解析の一例

津波解析では、まず、過去の地震の統計から得られる平均応力降下量の確率分布から、断層のすべり量の確率分布を作成します（図5-9参照）。次に、すべり量の確率分布に従い、各津波断層モデル15ケースに対して、計100パターン（合計1,500パターン）の初期水位変動を算出します。そして、初期水位変動の解析結果を用いて、各パターンにおける津波伝播解析を行います。図5-10に、津波伝播解析の一例を示します。1,500パターンの津波伝播解析結果から、各対象地点で発生する最大津波波高の分布を算定することができます。

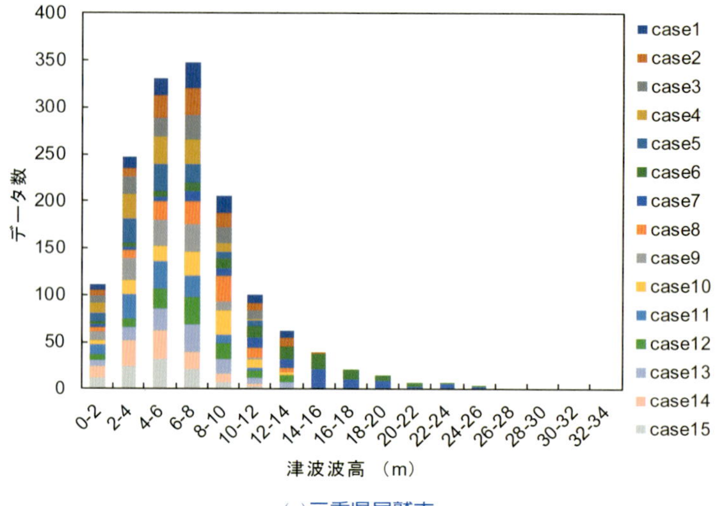

(a)三重県尾鷲市

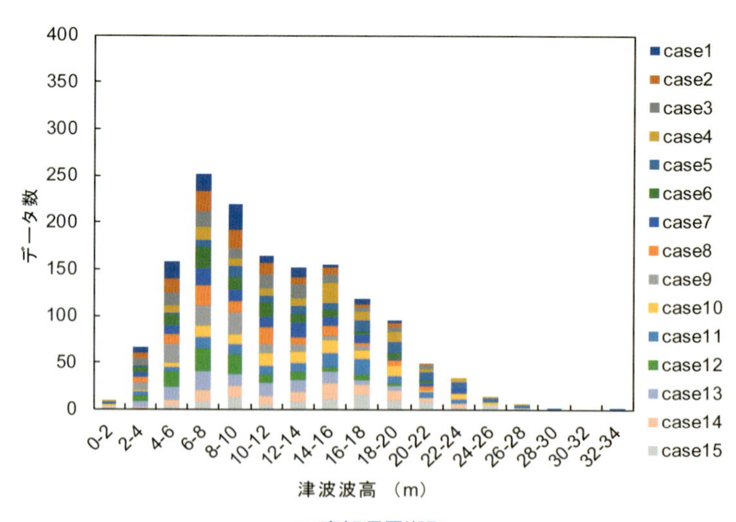

(b)高知県黒潮町

図5-11　各都市の代表地点におけるケース毎の津波波高分布

図5-11に、尾鷲市および黒潮町の代表地点における、津波断層モデルのケース毎の津波波高分布を示します。尾鷲市と黒潮町を比較すると、黒潮町の方が尾鷲市よりも津波波高の大きくなる傾向にあることが見て取れます。この傾向は、検討会が実施している最大津波高の推定結果と同じです。また、津

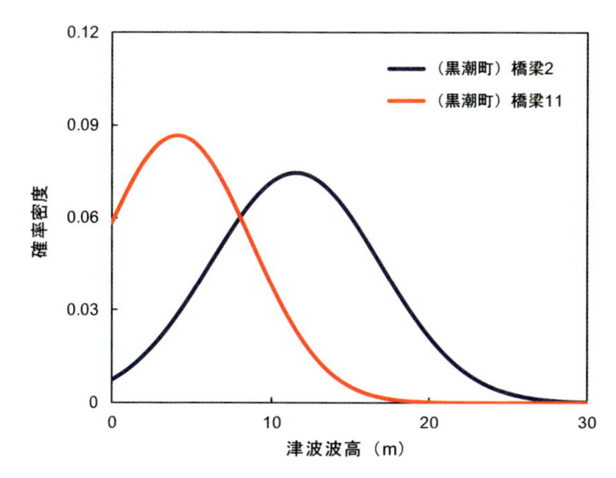

図5-12　高知県黒潮町の代表地点における津波波高の確率分布

波波高の分布は山の形に似た分布を示しており、最大津波波高の発生のみを想定することが、確率的に極めて低い事象の想定になっていることが分かります。

また、図5-12に、高知県黒潮町内の橋梁2および橋梁11が位置する地点における津波波高の確率分布を示します。この図より、海岸に近い橋梁2の方が、川の上流部に位置する橋梁11よりも、津波波高が大きくなる傾向にあることが確認されます。確率論的アプローチによるハザード評価でも、各地点の地形等の影響から、各地点におけるハザード強度の差別化が可能であり、この差異が道路ネットワークの性能評価に大きな差をもたらすと考えられます。

本解析シミュレーションは、解析対象地点で想定される津波波高を最大津波高さに固定するのではなく、傾向そのものを確率的に捉えられる点が特徴です。

4　構造物の脆弱性評価

本解析シミュレーションでは、道路ネットワークを構成する構造物として、橋梁および盛土を想定しています。橋梁に関しては、昭和39年基準および平成8年基準に準拠して設計した2種を用いて解析を行います。図5-13〜図5-14に、橋梁および盛土構造物のモデル図を示します。

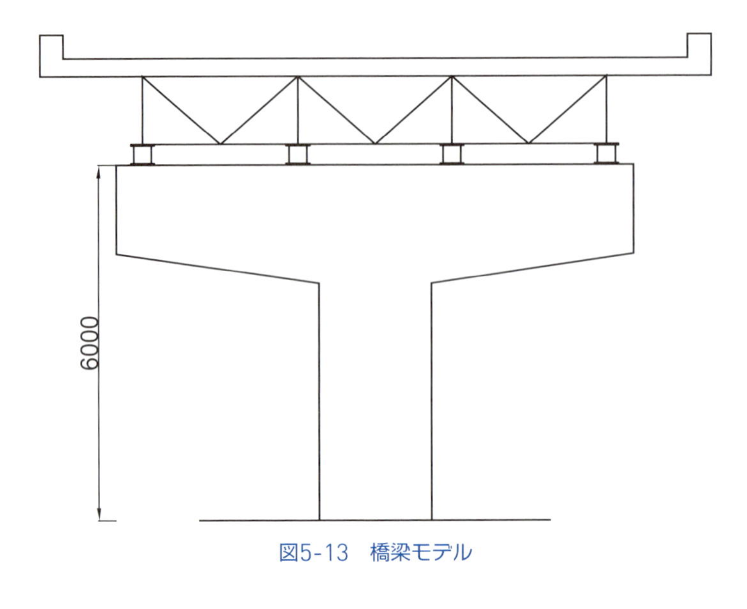

図5-13　橋梁モデル

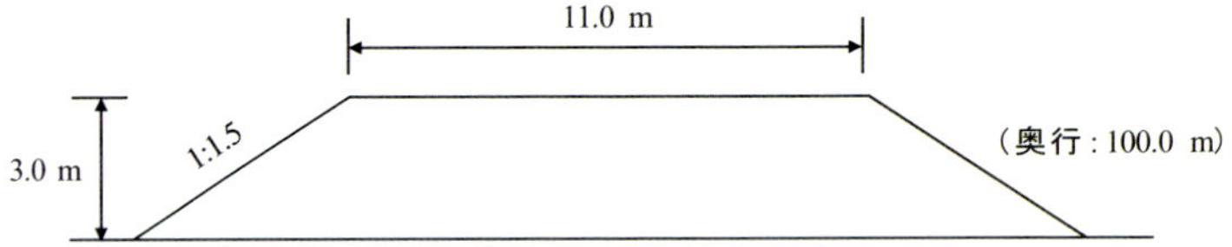

11.0 m
3.0 m
1:1.5
（奥行：100.0 m）

図5-14　盛土モデル

これまでのフローでは、解析対象構造物が位置する地点における強震動および津波ハザードの確率分布を算出しました。本フェーズでは、橋梁および盛土構造物のフラジリティカーブを算定します。フラジリティカーブとは、地震動や津波の強度と、各構造物の損傷確率の関係を表すものです。モンテカルロ・シミュレーションを用いて、ある特定の大きさの強度を持つ強震動や津波の作用に対する構造解析を繰り返し行い、構造物の応答値が耐荷力や変形能を超える確率Pを算出します。これを様々な強度に対して行うことで離散的に得られるPの値を、対数正規分布（累積分布関数）で近似したものがフラジリティカーブです。なお、本解析シミュレーションでは、対数正規分布のパラメータは最尤法で定めています。

図5-15に、地震フラジリティカーブの算定フローを示します。地震フラジリティカーブを算定するにあたり、構造解析に用いる強震波形群を準備する必要があります。本解析シミュレーションでは、検討会が公表している、南海トラフ地震発生時に、各地域で観測されると推定される地震波を用いています。また、地震波は、強震動生成域が「基本ケース」と「陸側ケース」の両方のケースとなる場合で推定されています。本解析では、これら両ケースから推定されている地震波を使用しています。

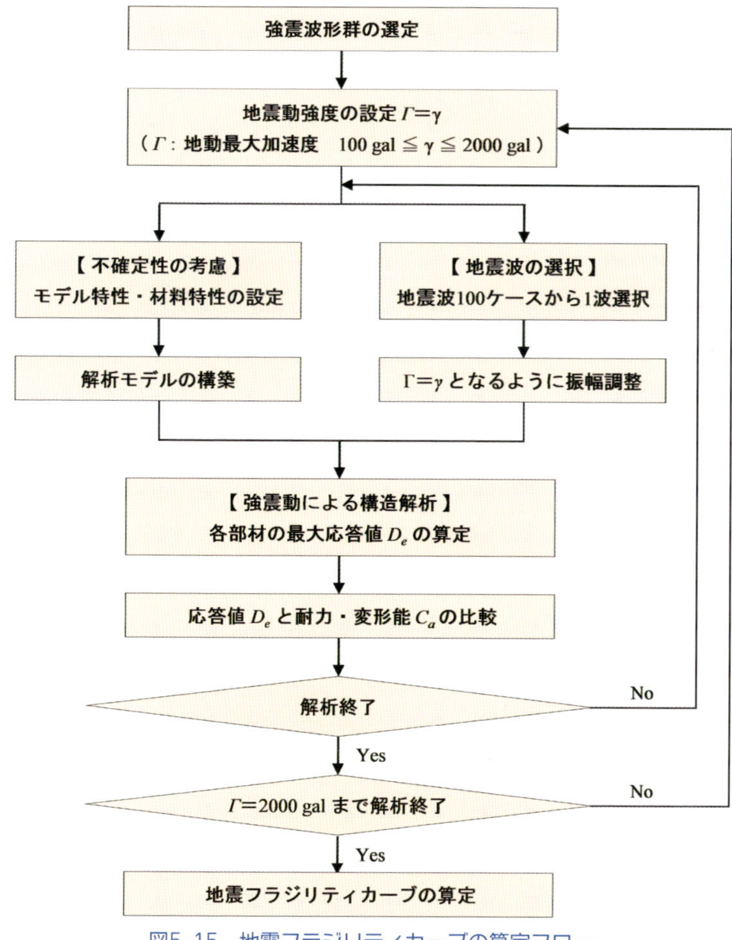

図5-15　地震フラジリティカーブの算定フロー

解析シミュレーションでは、三重県尾鷲市および高知県黒潮町を解析対象としています。そこで、各都市を中心とする約30 km四方の領域に位置する各50地点の強震波形について、各地点の南北（NS）成分と東西（EW）成分の両方を利用し、合計100波を各地点・各ケースの入力地震動としています。図5-16に、本解析シミュレーションで使用する強震波形群の加速度応答スペクトルを示します。加速度応答スペクトルは、任意の固有周期を有する構造物に作用する地震力の大きさを表すものであり、図5-16をみると、強震波形群には様々な地震動特性を有する強震波形が含まれていることが確認できます。

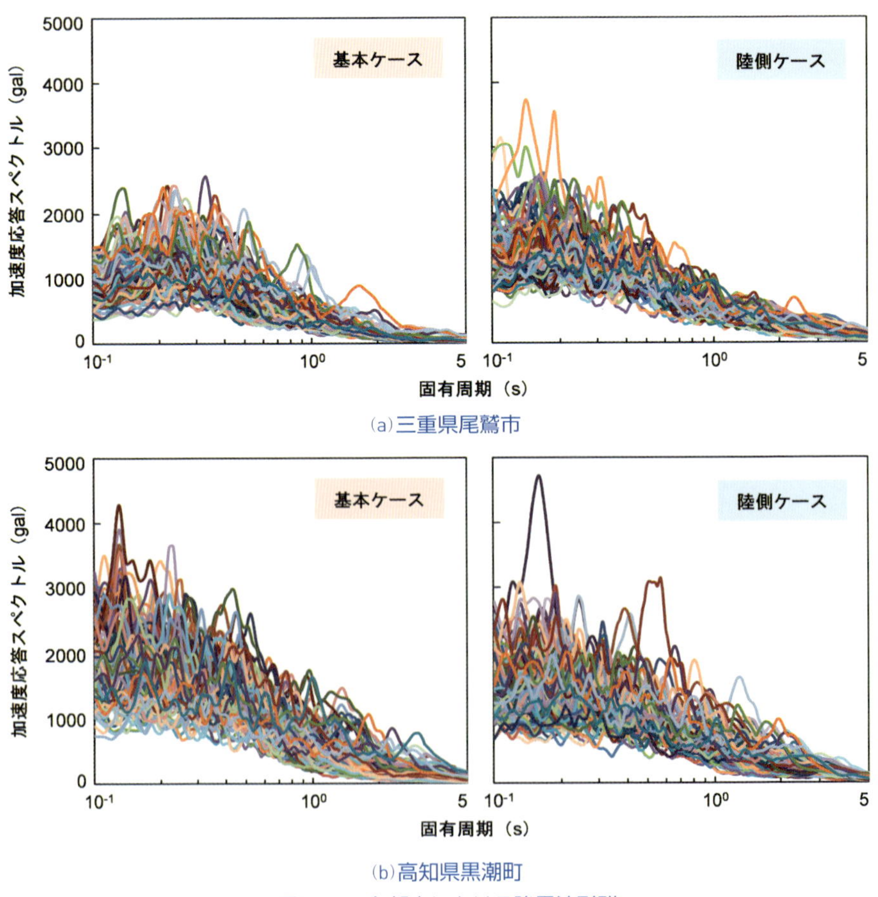

(a)三重県尾鷲市

(b)高知県黒潮町

図5-16　各都市における強震波形群

また、三重県尾鷲市に対する解析シミュレーションで使用する、基本ケースと陸側ケースそれぞれの南北成分の強震波形について、最大加速度を地点毎にまとめたものを図5-17に示します。この図より、三重県尾鷲市内の各地点で最大加速度の大小は大きく異なることが確認できます。また、同じ地点でも、基本ケースと陸側ケースで想定される強震波形の大きさには差異があることが分かります。

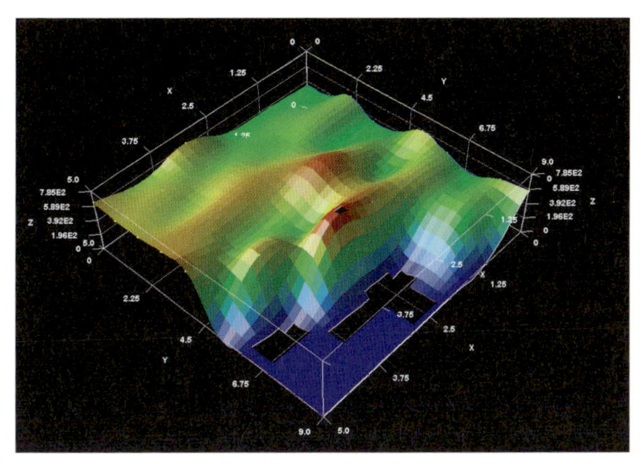

(a)基本ケース(南北成分)

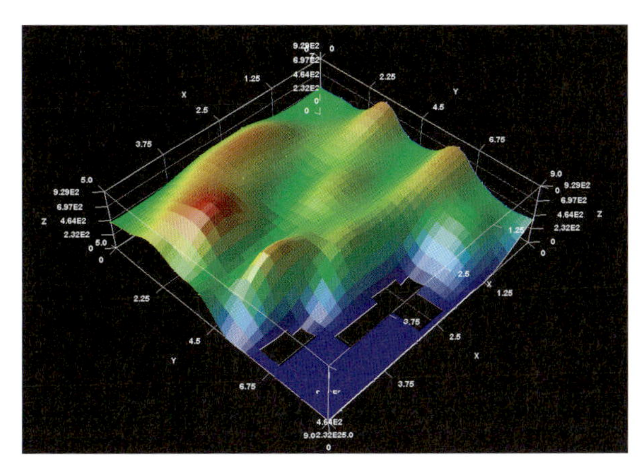

(b)陸側ケース(南北成分)

図5-17　尾鷲市周辺50地点における地震波の最大加速度分布

強震動を受けた際の構造物の応答は、強震波形の地動最大加速度が等しい場合でも、その強震波形の地震動特性により異なる場合があることが知られています。そのため、多数の強震波形を用いて解析を実施することが理想的であるといえます。本解析シミュレーションでは、モンテカルロ・シミュレーションに基づき、これら合計100波の強震波形群を用いて、繰り返し解析を行います。また、フラジリティカーブを作成するために、各地震波に対して振幅調整を行い、最大加速度が100 gal刻みで100～2000 galとなるように修正した地震波を入力します。

このように、地震動特性の異なる計100波の地震波を用いて解析を行うことで、構造物に作用する外力の不確定性を評価することが可能になります。

本解析シミュレーションでは、外力の不確定性だけでなく、構造物に使用されている材料の特性や構造物そのものの限界状態に含まれる不確定性も考慮して解析を行っています。例えば、橋梁に着目すると、材料特性としては、橋脚に使用されている鉄筋の強度について、統計的に得られているばらつき[3]を考慮することで、不確定性を考慮しています。また、構造物の限界状態に関する不確定性として、橋脚の可能最大残留変位、せん断耐力、終局変位のばらつきを考慮しています。

外力と耐力の両方における不確定性を踏まえた構造解析を行い、構造物の応答値を算出し、構造物の耐力・変形能と比較することで、損傷状態を判定することができ、地震フラジリティカーブが算定されます。

南海トラフ地震では、各地で強い揺れが発生した後、まもなく津波が襲来すると想定されています。強い揺れによって構造物が損傷することが懸念されますが、当然ながら津波の到達までに補修を行うことは不可能といえます。そのため、津波作用後の構造物の損傷状態を正確に把握するためには、揺れによる損傷を考慮しなければなりません。そのため、ここで紹介する解析シミュレーションでは、強震動と津波ハザードを単独で考えるのではなく、強震動による損傷を津波解析に引き継ぐことで、より精度の高い構造解析を実現しています。そして最終的に、強震動による損傷を考慮した津波フラジリティカーブを作成することで、構造物の損傷確率を算定します。

図5-18に、強震動による損傷を考慮した津波フラジリティカーブの算定フ

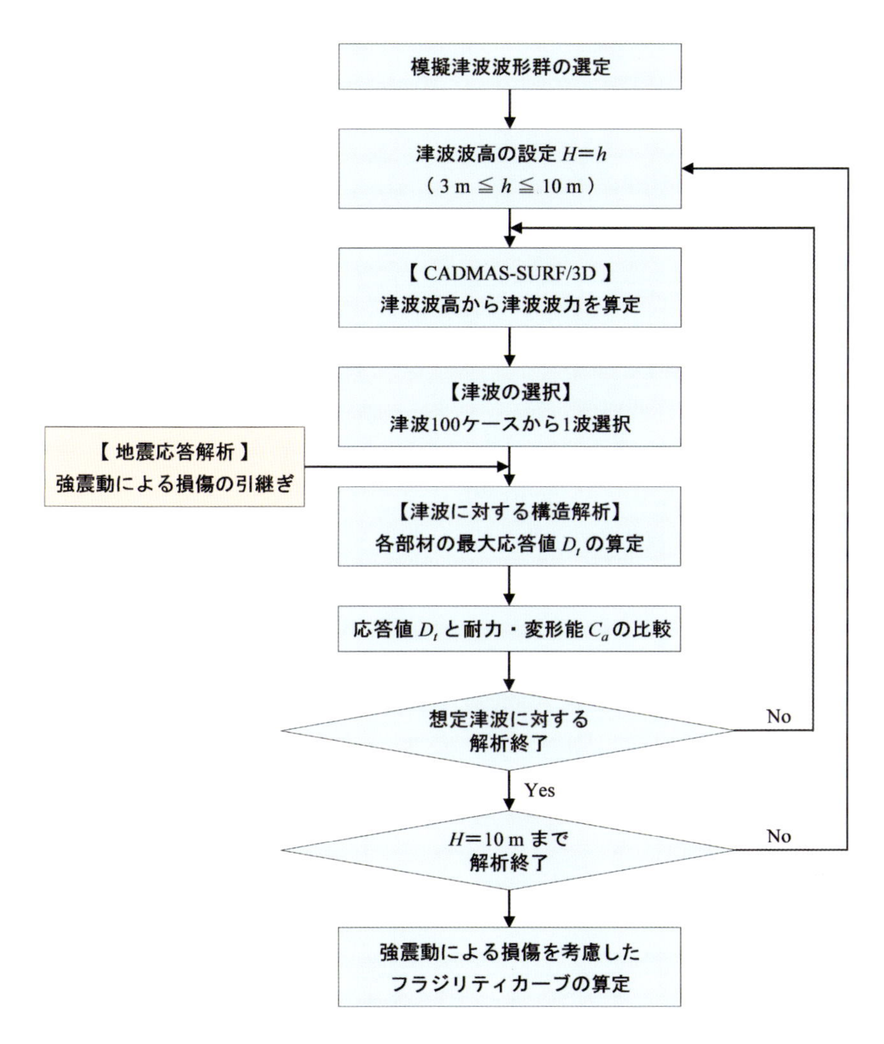

図5-18　強震動による損傷を考慮した津波フラジリティカーブの算定フロー

ローを示します。津波に対する構造解析を行うにあたり、まず、模擬津波波形群を作成する必要があります。本解析シミュレーションでは、長波長と短波長の孤立波を合成することで不規則波を作成しました。4つのパラメータ（入射波の波高、波高比、時間差、波長の伸縮係数）の組合せを変えることで、225パターンの模擬津波波形を作成し、これに25パターンの規則波を加えた計250

パターンを本解析シミュレーションで用いる模擬津波波形群としています。

津波による構造物の損傷同定を行うためには、津波波高から、構造物に作用する津波波力を求める必要があります。津波による水平波力に関しては、数値波動水槽CADMAS-SURF/3D[4]により、作成した模擬津波波形群を再現することで、津波波圧を算出し、それに作用位置の断面積を乗じることで津波波力を算出することができます。また、橋梁における桁の浮き上がりの原因となる鉛直波力については、土木学会「東日本大震災による橋梁等の被害分析小委員会」[5]が、2011年東北地方太平洋沖地震時に発生した津波を解析して作成した簡易照査式を用いて評価しています。

CADMAS-SURF/3Dは、数多くの研究者により、使用されてきた実績を持ちます。しかしながら、CADMAS-SURF/3Dにより算定した波力と、実際の造波実験により観測された波力との間には差が生じるという事例も報告されており[5]、モデル誤差が存在する可能性があると考えられています。そこで、参考文献[5]で行われている実験をCADMAS-SURF/3Dで再現し、算出された波力と実験値との比較を行うことで、モデル誤差を評価しました。その結果を図5-19に示します。これらの統計量を用いることで、CADMAS-SURF/3Dや簡易照査式で得られた、津波波力の不確定性を考慮することが可能になります。

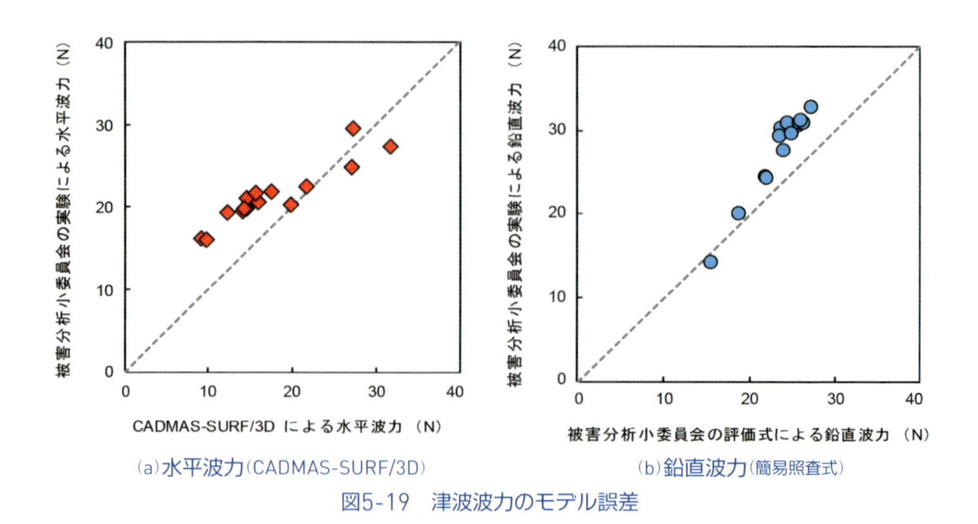

(a)水平波力(CADMAS-SURF/3D)　(b)鉛直波力(簡易照査式)

図5-19　津波波力のモデル誤差

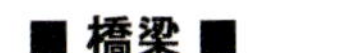

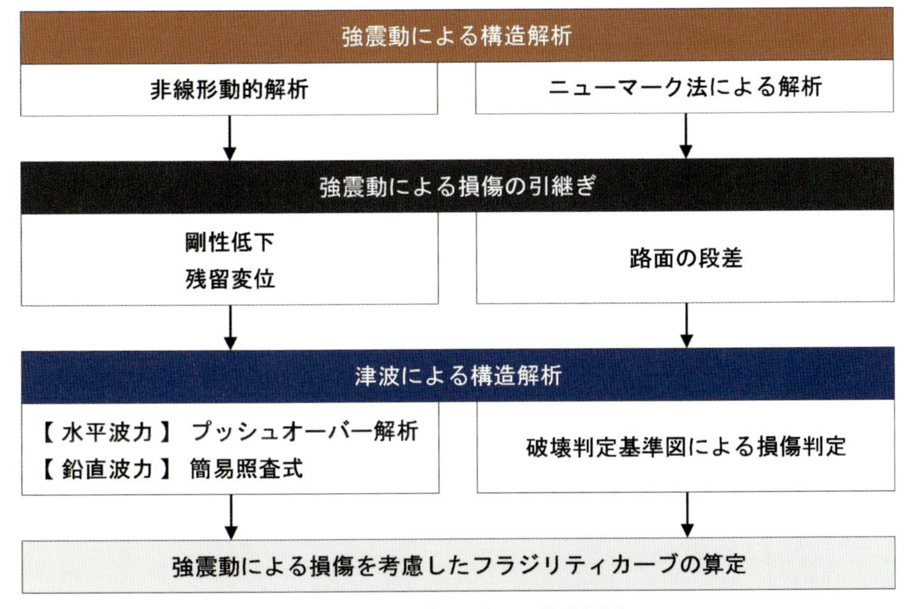

図5-20　損傷の引継ぎを考慮した構造解析のフロー

図5-20に、強震動と津波構造解析のフローを示します。例えば、橋梁では、強震動に対して非線形動的解析を行い、橋脚の塑性化の影響として剛性低下や残留変位を引き継ぎ、津波波力を用いたプッシュオーバー解析を行います。加えて、簡易照査式から算出される鉛直波力と、支承部の鉛直耐力を比較することで、構造物に生じる損傷度を判定します。

本解析シミュレーションでは、表5-2に示すように、各解析対象構造物の損傷度として、「小破」および「大破」を設定し、損傷度毎にフラジリティカーブを作成します。また、損傷が小破にも至らない場合は「無損傷」であると定義しています。構造物の損傷度によって、地震後に構造物を供用可能な状態にするための費用や、復旧に要する時間が変化すると考えられるため、構造物の損傷状態の設定は非常に重要な項目です。図5-21に、平成8年の耐震設計基準で設計された橋梁における地震および津波フラジリティカーブを示します。

表5-2　解析対象構造物の損傷判定基準

構造物	損傷度	判定基準
橋梁	小破	■ 応答変位が降伏変位以上かつ終局変位未満
	大破	■ せん断力がせん断耐力を上回る場合
		■ 残留変位が可能最大残留変位を上回る場合
		■ 応答変位が終局変位以上となる場合
		■ 鉛直波力が支承部の耐力を上回る場合（桁の浮き上がり）
盛土	小破	■ 路面の段差高が3 cm 以上かつ20 cm 未満
	大破	■ 路面の段差高が20 cm 以上の場合
		■ 津波波高が限界越流水深を上回る場合

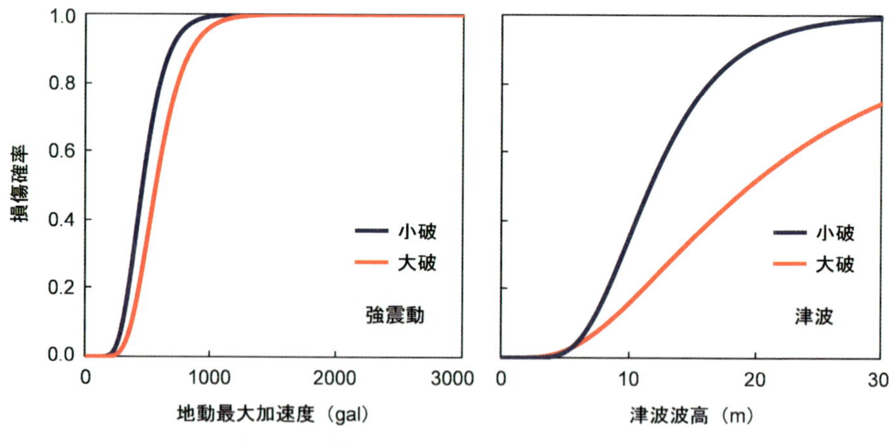

図5-21　地震および津波フラジリティカーブ

5　損傷確率の算定

各対象地点で求められたハザードと、各構造物のフラジリティカーブから、各地点の構造物における損傷確率を算出します。損傷確率は、「小破」と「大破」で定義される損傷度に応じて計算しています。

解析対象構造物が大破となる損傷確率を図5-22に示します。三重県尾鷲市の結果をみると、平成8年の耐震設計に準拠した橋梁の損傷確率は、昭和39年基準の橋梁に比べて、損傷確率が小さくなっていることが分かります。この結果から、構造物の安全性を高めるという意味では、既存不適格構造物の補強推進は効果的な対策であるといえます。また、橋梁と盛土を比較すると、盛土の損傷確率が比較的に小さくなる傾向にあることが分かります。

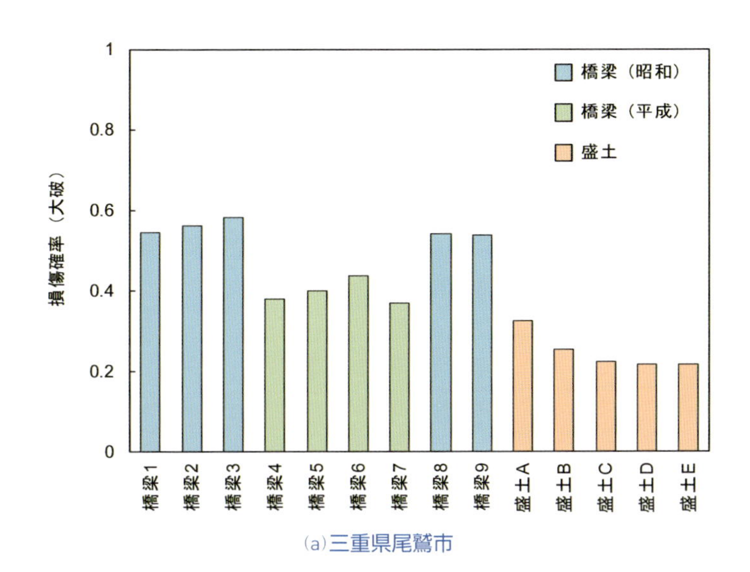

(a)三重県尾鷲市

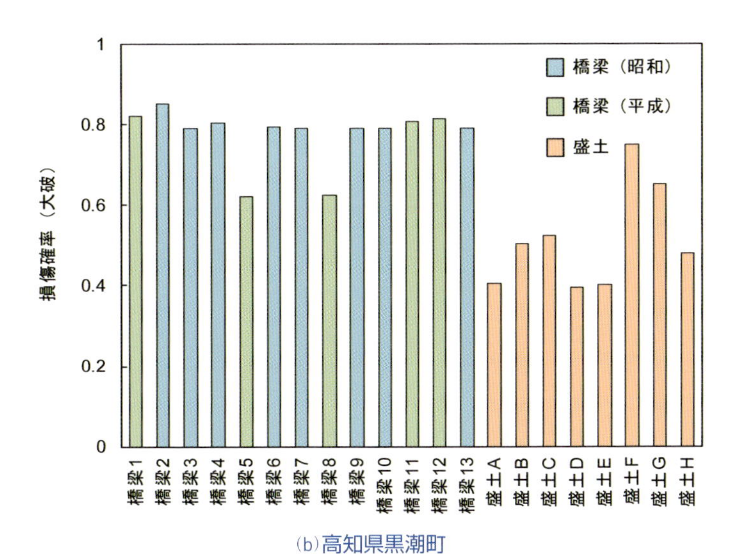

(b)高知県黒潮町

図5-22　解析対象構造物の損傷確率(大破)

さらに、両都市を比べてみると、黒潮町の方が尾鷲市よりも損傷確率が大きいことが確認できます。この結果は、検討会による推定結果と同様の傾向であり、確率論的アプローチにおいても、発生すると考えられるハザード強度の差を評価できていることを示しています。また、同種の構造物においても、損傷確率にはばらつきがあることが確認できます。これは、構造物の位置する地点で推定されるハザード強度に差が生じているためです。

6　道路ネットワークの性能評価

本解析シミュレーションでは、道路ネットワークの性能として、「経済性」、「機能性」、および「回復性」に焦点を置き、これらの指標の定量評価を行います。具体的には、経済性を表す指標として「リスク」、機能性・回復性を表す指標として「レジリエンス」を定量化します。

リンク内に位置する構造物の損傷確率は、地震後の道路ネットワークの性能に大きく影響を及ぼします。例えば、損傷確率が大きくなることにより、構造物の復旧に要する費用や時間が増加し、地点間を移動する車両等の走行距離や走行時間も増加すると考えられます。このような道路ネットワークの性能に影響を及ぼすとされるパラメータを考慮することで、リスクとレジリエンスの定量化を試みます。図5-23に、リスクおよびレジリエンスの評価手順を示します。

表5-3に、既往の研究[6),7)]を参考に設定した、解析対象構造物の復旧費および復旧日数を示します。各構造物を比較した場合、盛土の方が橋梁よりも、復旧費・復旧日数ともに小さく、被災した場合に道路ネットワークに及ぼす影響も小さいと考えられます。

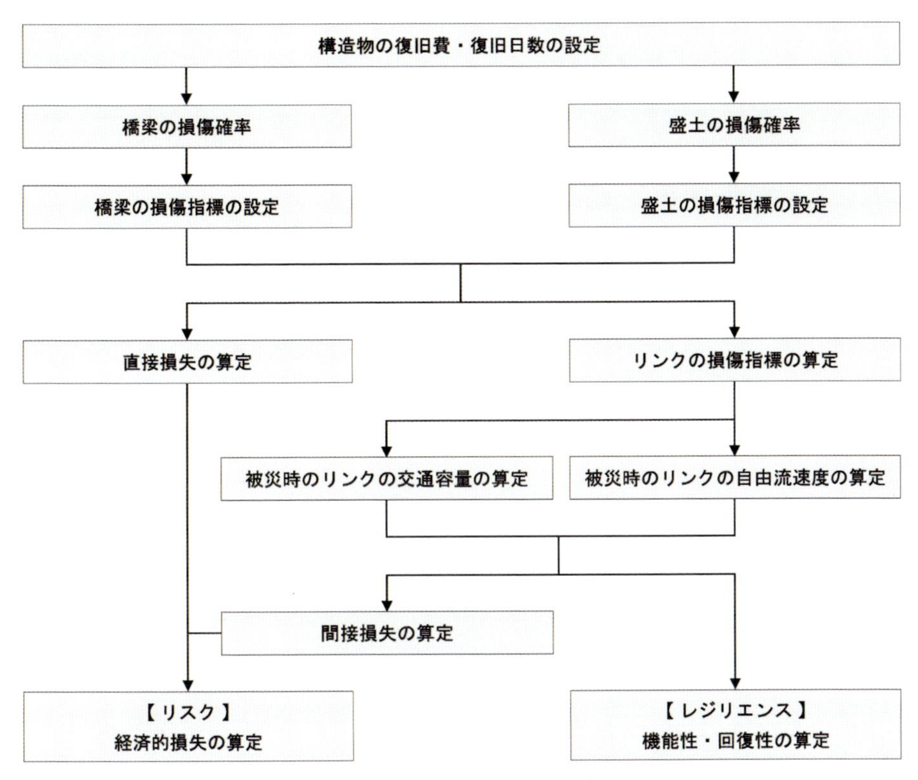

図5-23　リスク･レジリエンスの評価フロー

表5-3　解析対象構造物の復旧費と復旧日数[6),7)]

構造物	損傷度	復旧費	復旧日数
橋梁	小破	6,700万円	30日
	大破		180日
盛土	小破	1,360万円	5日
	大破		60日

各リンクのリスク・レジリエンスを評価するにあたり、各構造物の損傷指標を設定します。損傷指標とは、参考文献[8]で提案されている、構造物の損傷度を0〜1で表したものであり、本解析シミュレーションでは損傷度（無損傷・小破・大破）に応じて設定しています。具体的には、無損傷の損傷指標は0.0、小破の損傷指標は0.3、大破の損傷指標は1.0としています。

次に、確率論的アプローチにより期待値として得られた損傷確率と、各構造物の損傷指数を掛け合わせることで、リンク全体の損傷指数を算定します。リンクの損傷指標が大きいほど、リンクの交通機能の低下が大きいことを意味しています。

本解析シミュレーションでは、リンクの機能性として、リンクの交通容量（通行可能な車両数）と自由流速度（車両の通行速度）の変化量を算定し、リスクおよびレジリエンス評価を行います。なお、各解析都市には広域迂回路を設定しています。広域迂回路は、通常時は2つの地点間の移動には使用されず、各リンクが被災した場合のみに使用されることを想定したリンクを表しています。南海トラフ地震のような、広域で甚大な被害が発生することが想定される災害に対しては、通常時には移動ロスが多いことから使用されないリンクなども、復旧・復興の迅速化に大きく貢献する可能性もあるため、広域を対象とした計画・対策が重要となります。

経済性の評価（リスク評価）

各解析対象都市内のリンク毎に、リスクベースの考えに基づき、構造物が損傷することによって発生する経済的損失を評価します。経済的損失は、直接損失（構造物が損傷した場合に、構造物そのものを復旧するために必要な費用）と間接損失（構造物が損傷することで生じる、交通機能の低下により発生する費用。迂回する距離に応じて決まる運行損失と、時間に応じて決まる時間損失の和で表される）の和により求められます。

構造物が被災することで発生する直接損失に関しては、構造物の損傷確率の算定を行うことで評価できますが、実際の被災状況を想定した場合、道路ネットワーク全体を対象として、構造物一つひとつがネットワークに及ぼす影響を考慮し、それにより生じる間接損失までを評価しなければなりません。

機能性・回復性の評価(レジリエンス評価)

南海トラフ地震の発生から復旧・復興までのシナリオ全体を考えた場合、地震後に緊急避難や緊急輸送に供することのできるリンクを事前に把握しておくことで、地震後の混乱状態の中でも迅速な対応が可能になると考えられます。また、復旧・復興活動を進める上で、交通機能を保持すべきリンクのレジリエンスが小さい場合、優先的に補強等の対策を行うべきであるとの意思決定が可能になります。

7 対策優先度の同定

図5-24に、三重県尾鷲市および高知県黒潮町における、リスク・レジリエンスの評価結果を示します。リスクに関しては、値が大きいほど経済的損失が大きくなることを示しており、レジリエンスについては、値が大きいほど交通機能の回復性が高いことを示しています。

まず、三重県尾鷲市に着目します。尾鷲市内のリンクを比較すると、リンク1のリスクが他のリンクに比べて大きく、かつ、レジリエンスが小さくなっています。すなわち、南海トラフ地震が発生した際に、リンク1の経済的損失が各リンクの中で相対的に大きく、また、道路ネットワークとしての機能を維持できず、復旧にも時間を要することが想定されます。この原因として、リンク1には、損傷確率の比較的高い、昭和39年基準の橋梁が多く位置しており、また、海岸線にも近いことから、津波ハザードの影響を強く受けるためです。以上より、リスク・レジリエンスの両面で、リンク1は最も劣っていると考えられるため、リンク1を南海トラフ地震後の復旧・復興活動に利用する場合、あるいは経済的損失を抑制したい場合は、リンク1に位置する構造物を最優先で補強することが望まれます。

また、リンク1以外ではリスクに大きな差がみられないものの、レジリエンスに関しては明瞭な差があり、リンク4で最も大きいことが確認できます。つまり、地震発生後に供用可能である可能性が最も高いリンクは、リンク4であると推定されました。地震後の経済的損失よりも、地震後に2つの地点を結ぶリンクを一つでも確保することを優先する場合、リンク4のレジリエンスをより高めることを目的とした補強対策が推奨されます。

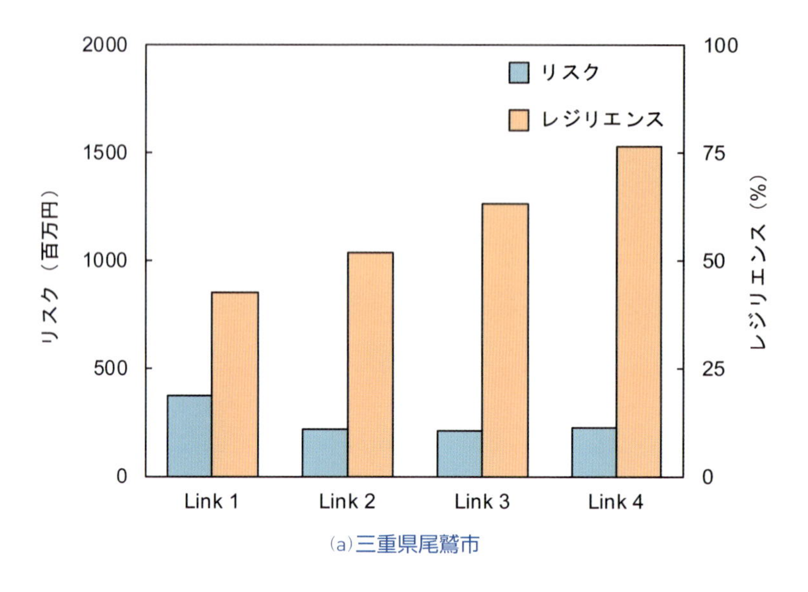

(a)三重県尾鷲市

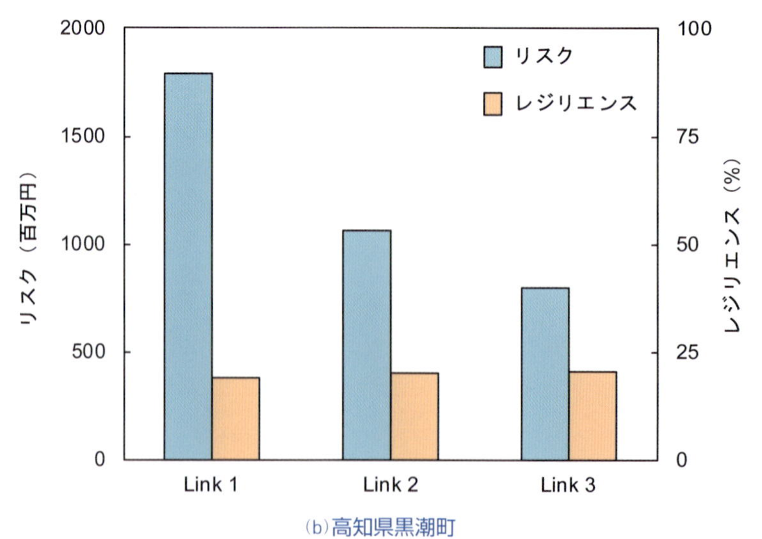

(b)高知県黒潮町

図5-24　各リンクのリスク・レジリエンス

次に、高知県黒潮町の結果をみると、リンク1のリスクのみが他のリンクに比べて大きいことが確認されるものの、レジリエンスについては、各リンクでほぼ同様の値を示していることが分かります。黒潮町内のリンク1は、尾鷲市内のリンク1と同様に海岸線に最も近く、かつ、昭和基準の橋梁が多いことが特徴といえ、これらの要因は道路ネットワークの性能に大きく影響を及ぼすものだと考えられます。

黒潮町内で構造物の対策優先度を設定する場合は、リスクの観点に重きを置く場合は、リンク1内の構造物を優先的に補強することが効果的であると考えられます。レジリエンスの観点では差別化が難しいことから、補強優先度を設けることなく、補強を施しやすい箇所から随時対策を進めていくことが重要だといえます。

また、尾鷲市と黒潮町を都市単位で比較すると、尾鷲市よりも黒潮町の方が、リスク・レジリエンスの両面から、圧倒的に被害が大きくなることが推定されます。都市としての機能維持を考える場合は、黒潮町での対策推進を図ることが求められるといえます。

5-3　今後の展望

本章では、解析シミュレーションを行うことで、南海トラフ地震発生時に、対象都市で想定される道路ネットワークの性能評価を、確率論的アプローチにより行いました。具体的には、経済性を表す指標として「リスク」を、機能性・回復性を表す指標として「レジリエンス」を扱うことで、道路ネットワークの性能を定量評価しました。

解析シミュレーションの結果から、経済性を重視する場合はリスク、復旧・復興活動に重点を置き、道路ネットワークとしての機能を優先する場合はレジリエンスの値に着目することで、インフラ管理者が重要視する事項を踏まえた対策優先度の同定が可能であることを示しました。

検討会が公開している南海トラフ地震の被害推定では、最大級の地震を想定しています。さらに、強震断層モデルおよび津波断層モデルを複数作成した解析を行い、各地域で最も被害が大きくなるケースに着目し、最悪の条件を仮定した被害推定量を試算しています。一方、ここに示した解析シミュレーションは、南海トラフ地震の生起を前提に、現状、入手可能な断層評価に伴う不確定性、強震動や津波の伝搬予測に伴う不確定性、さらには構造物の性能評価に伴う不確定性を考慮し、構造物の破壊の可能性やネットワークの機能低下のリスクなどを算定しました。

減災を進める中で、最悪のケースを想定した備えが大切であることに間違えはありません。しかしながら、地方自治体や民間企業など、インフラ管理者には予算や時間、労働力といった点で制約が多くあり、段階的な対策を進めるうえで、一途最初から最悪を想定した被害に向き合うことは困難な場合があります。

ただ、最悪の場合の想定であれ、ここに示したような確率論的なアプローチでの想定であれ、南海トラフ地震が生起した場合には、相当の被害が発生するとの試算結果になります。大切なことは、試算結果を受けて、それを行動につなげ、確実にリスクを低減し、レジリエントでサステナブルな都市の整備につなげることです。

不幸にも最悪の断層の動きになった場合には、命を守る防災教育や被災者救助のための仮設住宅の一層の準備、さらには、早期の復旧・復興に備えた取り組み、例えば、災害廃棄物の迅速な処理を可能にするマニュアルの作成、建設材料の調達プロセスの確認などを行い、インフラの再構築に向けた議論を事前に行うことも有効でしょう。一方で、地震動の強さや津波高さがおおよそ予想される平均的なもので収まった場合には、現在の日常が乱されることのないように、耐震補強などにより防災力を向上しなければなりません。

国難といわれる南海トラフ地震により、我が国の持続可能性が脅かされないように、その日に備えた多重の取り組みを継続する必要があります。

参考文献・引用文献

1) 内閣府　南海トラフの巨大地震モデル検討会
2) パーソナルディスカッション（産業技術総合研究所・吉見雅行氏）,2016
3) 青木博文,村田耕司：構造用鋼材の降伏点,引張強さおよび降伏比に関する統計的調査,日本建築学会論文報告集, Vol.335, pp.157-168, 1984
4) 財団法人沿岸技術研究センター：CADMAS-SURF/3D数値波動水槽の研究・開発, 2010
5) 公益社団法人土木学会：東日本大震災による橋梁等の被害分析小委員会最終報告書, 2015
6) 篠田晶弘,宮田喜壽,米澤豊司,弘中淳市：無補強盛土と補強盛土のレベルII地震時ライフサイクルコストの算定,ジオシンセティックス論文集, No.25, pp.189-196, 2010
7) 庄司学,藤野陽三,阿部雅人：高架道路橋システムにおける地震時損傷配分の最適化の試み,土木学会論文集, Vol.39, No.563, pp.79-94, 1997
8) Chang, S.E., Shinozuka, M. and Moore J. E. : Probabilistic Earthquake Scenarios: Extending Risk Analysis Methodologies to Spatially Distributed Systems, Earthquake Spectra, Vol.16, No.3, pp.557-572, 2002

おわりに

不都合な真実として、南海トラフ地震は必ず起きます。しかしながら、現状の技術レベルでは、断層の発生位置や断層運動の大きさを正確に予測し、その規模や被害を推定することは極めて困難であるといわざるを得ません。こうした中、「備えあれば憂いなし」の考えのもと、被害推定量が最悪となる条件を想定した被害推定が行われていますが、その被害推定量はまさに「国難」レベルです。

本書では、南海トラフ地震に対して、様々な不確定性を考慮した確率論的アプローチにより、「確率的に発生すると考えられる被害」を推定する手法を提示しました。また、インフラ管理の中で重要な指標である「リスク」「レジリエンス」の定量化を試み、道路ネットワークの対策優先度の同定を行いました。

南海トラフ地震を乗り越えるために大切なことは、試算結果を受け止め、行動につなげることです。確実にリスクの低減を図り、レジリエントでサステナブルな都市を実現していくことが重要です。今一度、防災・減災のためにできることを考え、来たる南海トラフ地震に対して都市の持続可能性を維持できるような、多重の取り組みを継続する必要があるのです。

末筆ながら、本書の作成にあたっては、多くの方々よりご助言やご指導、またご支援を頂きました。この場を借りまして感謝の意を表します。土木学会地震工学委員会やコンクリート委員会の地震被害調査活動を通して、数多くの貴重な資料を収集することができました。特に、川島一彦先生、石橋忠良博士、睦好宏史先生、幸左賢二先生、矢部正明博士、中村光先生、高橋良和先生、武田篤史博士、松崎裕先生には、多くの示唆に富むご助言を頂きました。また、南海トラフ地震のレジリエンス解析においては、Professor Dan M. Frangopol、Professor Fabio Biondini、越村俊一先生、吉見雅行博士、Professor Paolo Bocchiniから解析に必要な情報の提供を受けました。心より感謝申し上げます。最後に、常日頃より防災・減災に関する多くのご教示を与えて下さる濱田政則先生に対して深甚たる感謝の意を表します。

秋山充良
石橋寛樹

著者紹介・執筆担当章

秋山充良（あきやまみつよし）

はじめに、第1章〜第5章、おわりに

早稲田大学創造理工学部社会環境工学科教授、特定非営利活動法人国境なき技師団理事長。1997年日本工営（株）入社。東北大学助手、講師、助教授、准教授を経て2011年より現職。2008年科学技術分野の文部科学大臣表彰若手科学者賞、2016年IABMAS Junior Research Prizeなど、受賞歴多数。所属学会：土木学会、ASCE、IABMAS、IALCCE、IABSEなど。主な研究論文：「Toward life-cycle reliability-, risk-, and resilience-based design and assessment of bridges and bridge networks under independent and interacting hazards: emphasis on earthquake, tsunami and corrosion（*Structure and Infrastructure Engineering*, 2019）」，「Shaking table tests of a reinforced concrete bridge pier with a low-cost sliding pendulum system（*Earthquake Engineering and Structural Dynamics*, 2019）」，「Time-dependent reliability analysis of existing RC structures in a marine environment using hazard associated with airborne chlorides（*Engineering Structures*, 2010）」。

石橋寛樹（いしばしひろき）

はじめに、第1章〜第5章、おわりに

1991年大阪府生まれ。2016年早稲田大学大学院修士課程修了。同年、西日本旅客鉄道（株）入社、線路の維持管理業務に従事。2018年早稲田大学大学院博士後期課程入学、秋山充良研究室にて「構造物および道路ネットワークのリスク・レジリエンス評価」に関する実験・研究を行う。

東京安全研究所・
都市の安全と環境シリーズ5

南海トラフ地震

その防災と減災を考える

2019年3月15日　初版第1刷発行

著者　秋山充良・石橋寛樹
デザイン　坂野公一＋節丸朝子（welle design）
発行者　須賀晃一
発行所　早稲田大学出版部
〒169-0051 東京都新宿区西早稲田1-9-12
TEL 03-3203-1551
http://www.waseda-up.co.jp
印刷製本　シナノ印刷株式会社

ISBN978-4-657-19001-7

「都市の安全と環境シリーズ」ラインアップ

◉第1巻
東京新創造
——災害に強く環境にやさしい都市（尾島俊雄 編）

◉第2巻
臨海産業施設のリスク
——地震・津波・液状化・油の海上流出（濱田政則 著）

◉第3巻
超高層建築と地下街の安全
——人と街を守る最新技術（尾島俊雄 編）

◉第4巻
災害に強い建築物
——レジリエンス力で評価する（高口洋人 編）

◉第5巻
南海トラフ地震
——その防災と減災を考える（秋山充良・石橋寛樹 著）

◉第6巻
首都直下地震の経済損失
（福島淑彦 編）

◉第7巻
都市臨海地域の強靭化
（濱田政則 編）

◉第8巻
木造防災都市
（長谷見雄二 編）

◉第9巻
仮設住宅論
（伊藤 滋 編）

◉第10巻
過密木造市街地論
（伊藤 滋 編）

各巻定価＝本体1500円＋税
早稲田大学出版部